ÉCOLES ET COURS D'AGRICULTURE

PAR R. DUGUAY

39 GRAVURES

Librairie Larousse PARIS

Prix : 1 fr. 50

ÉCOLES ET COURS
D'AGRICULTURE

LIBRAIRIE LAROUSSE, 17, RUE MONTPARNASSE, PARIS
Envoi franco au reçu d'un mandat-poste.

BIBLIOTHÈQUE RURALE

L'Agriculture moderne, par V. Sébastian. 1 vol in-8°, 560 pages, 700 grav., Broché, 5 fr; couverture papier cuir. 5 fr. 25

La Ferme moderne, par M. Abadie. 1 vol. in-8°, 390 grav. Broché, 3 fr.; couvert. papier cuir. 3 fr. 25

Chacun des vol. suivants, br., **2 fr.**; couvert. papier cuir, **2 fr. 25**

Les Industries de la ferme par A. Larbalétrier. 1 vol. in-8°, 160 gravures.

L'Outillage agricole, par H. de Graffigny. 1 vol. in-8°, 240 gravures, 2ᵉ édition.

Le Bétail, par L.-J. Troncet et E. Tainturier. 1 volume in-8°, 190 gravures, 3ᵉ édition.

La Basse-cour, par L.-J. Troncet et E. Tainturier. 1 vol. in-8°, 80 gravures, 2ᵉ édition.

Les Engrais au village, par Henri Fayet. 1 vol. in-8°, 5ᵉ édition.

L'Arboriculture pratique, par L.-J. Troncet et Deliège. 1 vol. in-8°, 190 grav., 5ᵉ édition.

La Viticulture moderne, par G. de Dubor. 1 vol. in-8°, 100 gravures, 3ᵉ édition.

Le Jardin potager, par L.-J. Troncet, 1 volume in-8°, 190 gravures en noir et en couleurs, 5ᵉ édition.

Le Jardin d'agrément, par L.-J. Troncet. 1 vol. in-8°, 150 gravures en noir et en couleurs, 3ᵉ édition.

L'Apiculture moderne, par A.-L. Clément. 1 volume in-8°, 130 gravures, 6ᵉ édition.

Comptabilité agricole, par H. Barillot. 1 volume in-8°. 2ᵉ édition.

Les Animaux de France, utiles et nuisibles, par A.-L. Clément. 1 volume in-8°, 160 gravures.

L'Enseignement agricole

Par Réné Leblanc. 1 vol. in-8°, 70 gravures et planches en couleurs, 3ᵉ édition. Broché. 3 fr. »
Extrait de L'Enseignement agricole, brochure. . . . . » fr. 95

L'ENSEIGNEMENT AGRICOLE EN FRANCE A TOUS LES DEGRÉS

ÉCOLES ET COURS D'AGRICULTURE

Par RAYMOND DUGUAY

LIBRAIRIE LAROUSSE. — PARIS

17, rue Montparnasse.—Succursale, rue des Écoles, 58

LISTE DES PROGRAMMES

concernant l'enseignement agricole

Programme du certificat d'aptitude à l'enseignement agricole. . 0 fr. 20
Programme des conditions d'admission aux écoles nationales d'agriculture. . . . . 0 fr. 20
Programme des conditions d'admission aux écoles pratiques d'agriculture et à l'école nationale des industries agricoles, à Douai. . . . . 0 fr. 25
Programme des conditions d'admission à l'institut national agronomique. . . . . 0 fr. 30
Programme officiel de l'enseignement à l'école d'agriculture de Grignon. . . . . 0 fr. 75
Programme de l'école nationale supér[re] d'agriculture coloniale. 0 fr. 50
Programme de l'école coloniale d'agriculture de Tunis. . . . . 0 fr. 30

Écoles et Cours d'agriculture

HISTORIQUE DE L'ENSEIGNEMENT AGRICOLE

L'ORGANISATION de l'enseignement agricole est relativement de date récente, puisqu'elle ne remonte qu'au milieu du xixe siècle, au décret-loi du 3 octobre 1848. Mais les institutions, comme les lois qui viennent donner satisfaction aux besoins de la société, ne naissent jamais spontanément; elles ont leurs racines dans le passé, et leur histoire nous les montre précédées de tentatives isolées, d'essais partiels tentés par des intelligences d'élite. Pendant des siècles, des hommes doués d'un esprit observateur ont recueilli ce qu'il y avait d'utile dans les coutumes de leurs ancêtres, et transmis de génération en génération les anciens usages agricoles, les procédés de culture, résumés parfois dans des dictons ou des proverbes, avant d'avoir été fixés par l'écriture et l'imprimerie. Les premiers écrivains agricoles publièrent ensuite ces préceptes ainsi que les recettes qui présentaient une certaine utilité. On retrouve dans ces publications des procédés empruntés à l'agriculture romaine, conservés par la tradition dans les monastères, où les frères convers cultivaient la terre d'après les pratiques en usage chez les Gallo-Romains. Le

OLIVIER DE SERRES (1539-1619).

plus intéressant de ces ouvrages est le *Théâtre d'agriculture et ménage des champs*, d'Olivier de Serres, publié en 1600. Olivier de Serres savait tout ce qu'on pouvait savoir de son temps en agriculture, tout ce que l'observation lente et patiente des faits avait appris aux agronomes. Il n'hésitait pas à s'occuper des détails du ménage, et, pour engager ses lectrices à suivre ses conseils, il ajoutait, avec sa bonhomie un peu narquoise de vieux Français : « Et de là adviendra à nostre père de famille ce contentement que de trouver sa maison plus agréable et sa femme plus belle et son vin meilleur que ce de l'aultrui. »

Mais le traité d'Olivier de Serres n'était lu que par les privilégiés, et, en dépit du programme arrêté par Henri IV et Sully, l'agriculture continua d'être dirigée d'après les pratiques empruntées à la routine. Les *Instructions pour les jardins fruitiers et potagers*, écrites sur la demande de Colbert par La Quintinie, jardinier de Louis XIV à Versailles et à Trianon, montrent l'effort réalisé par le célèbre horticulteur pour transformer en art un simple métier manuel. Il était bien difficile de faire mieux à une époque où l'on ne connaissait ni la chimie agricole, ni la physiologie, ni la géologie, ni même la botanique. Il fallait que des principes scientifiques vinssent analyser, contrôler les méthodes en usage et réformer ce qu'elles avaient de défectueux.

LA QUINTINIE (1626-1688).

Les travaux des grands naturalistes, leurs études de la nature furent comme une sorte d'introduction, de prélude à l'étude des sciences agronomiques. Ces travaux commencèrent à révéler par l'étude des plantes, par la chimie, l'histoire naturelle et la chirurgie, les véritables conditions de la production végétale et animale. Le Jardin royal des plantes, ancien *Jardin des herbes médicinales*, devint un centre de recherches et d'expériences scientifiques dans tous les ordres de la nature. Buffon publiait son histoire naturelle avec la collaboration de Daubenton, puis de Lacépède ; Daubenton étudiait la zoologie et la zootechnie ; les de Jussieu étendaient le cercle des connaissances en botanique; Rouelle, qui enseignait la chimie, eut pour élève Lavoisier.

Après la publication de l'*Encyclopédie*, qui renfermait sous les rubriques *grains* et *fermiers*, par l'économiste Quesnay, de véritables petits traités d'agriculture, les publications agricoles prirent un caractère plus général. Les économistes, les philosophes, les littérateurs et les agronomes tendaient alors vers le même but et poursuivaient le même idéal : le retour à la nature. Les livres sur l'agriculture et l'horticulture devinrent si nombreux qu'on imprima, à Paris, des opuscules intitulés : *Préservatifs contre l'agromanie*, dans lesquels on critiquait la multiplicité des ouvrages de ce genre. Mais pour les laboureurs, comme on disait alors, les leçons écrites n'avaient qu'une utilité bien relative pour la raison péremptoire que la plupart ne savaient pas lire. Si le terrain était déjà préparé pour songer à l'organisation de l'enseignement agricole, aucune tentative sérieuse ne fut faite, aucune institution créée, jusqu'au moment où l'agriculture eut un service particulier.

Contrôleur général des Finances sous Louis XV, puis ministre des affaires du dedans, Bertin organisa un bureau spécial de l'agriculture auquel furent confiés l'étude, le contrôle et la direction de toutes les affaires agricoles. Après avoir créé avec Bourgelat, chef de l'académie d'équitation de Lyon, les écoles vétérinaires de Lyon en 1761 et d'Alfort en 1765, Bertin, secondé par les membres des sociétés d'agriculture récemment formées sur l'initiative de Gournay et notamment par le marquis de Turbilly, président du bureau de la Société d'agriculture de Paris, favorisa l'institution de quelques écoles pratiques d'agriculture, comme l'école de labourage d'Annel, près de Compiègne, et la pépinière de la Rochette, près de Melun. Ces deux écoles furent supprimées par Necker sous prétexte d'économie. Le ministre, aux prises avec les embarras financiers, était réduit à chercher des économies sur tous les services qui n'intéressaient ni la cour, ni le clergé, ni la noblesse. Quelques années auparavant, Turgot, lié avec les économistes et les philosophes dont il partageait les idées, avait présenté à Louis XVI un plan d'organisation d'un institut agricole dans le domaine de Chambord, proposé par l'abbé Rozier. Ce projet fut repris plus tard, sous le Consulat, par François de Neufchâteau. En 1789, Lavoisier démontrait l'utilité de l'enseignement agricole en introduisant dans l'une de ses fermes les méthodes scientifiques d'exploitation du sol, et il préparait, par ses expériences, le mouvement qui devait se produire cinquante ans plus tard avec Boussingault.

Plusieurs projets d'enseignement agricole furent présentés à l'Assemblée nationale, à la Constituante, à la Convention et au Directoire, par Daubenton, l'abbé Grégoire, le duc de Béthune-Charost, Talleyrand-Périgord, Thibaudeau, Gilbert, Huzard, François de Neufchâteau. La Constitution de l'an III prescrivait la création dans chaque école centrale, c'est-à-dire dans chaque lycée, d'une chaire d'économie rurale, avec musée et champ d'études. Les exigences de la défense nationale, la lutte contre les gouvernements étrangers ne permirent pas de mettre à exécution ces projets.

Mais la Révolution avait fait passer entre les mains des anciens laboureurs la majeure partie de la propriété rurale, et il en résulta une grande amélioration dans la culture. A défaut de connaissances scientifiques en agronomie, les nouveaux possesseurs du sol avaient l'esprit pratique, la force et la ténacité de ceux qui ont toujours vécu dans les champs.

Sous le premier Empire et la Restauration, le gouvernement ne s'occupa pas de fonder des établissements d'enseignement agricole, malgré les vœux émis par les sociétés d'agriculture et en particulier par la Société royale d'agriculture.

MATHIEU DE DOMBASLE
(1777-1843).

L'initiative privée accomplit alors l'œuvre que l'administration ne se décidait pas à entreprendre.

En 1822, Mathieu de Dombasle créa à Roville, près de Nancy, au moyen de fonds réunis par souscription, la première école d'agriculture vraiment digne de ce nom. L'agronome lorrain réunit autour de lui un certain nombre d'élèves, parmi lesquels des étrangers, des Allemands, des Suisses, des Russes, et il commença la publication des *Annales* qui devaient contribuer à sa renommée. Il démontra que la culture alterne perfectionnée, avec suppression de la jachère, était aussi bien applicable en France que dans les meilleures terres de la Belgique et de l'Angleterre. Mais une exploitation rurale consacrée à des recherches et à des expériences ne peut donner de gros bénéfices, et Mathieu de Dombasle, qui ne recevait de l'État qu'une subvention insignifiante, dut abandonner à regret l'œuvre à laquelle il avait consacré sa vie et épuisé ses forces. L'école de Roville avait formé environ trois cents élèves et donné une vive impulsion à l'agriculture française.

En 1829, Auguste Bella fonda, avec une société d'actionnaires et l'appui de Charles X, l'école d'agriculture de *Grignon*, à Neauphle-le-Château ; en 1830, Rieffel, ancien élève de Roville, établit près de Nantes l'école de Grand-Jouan ; en 1833 eut lieu la création de l'institut agricole de Koëtbo, dans l'arrondissement de Ploërmel. Nivière fonda, quelques années après, l'école de la Saulsaie dans le département de l'Ain.

La thèse agricole de Bella consistait à prouver que l'agriculture est capable, comme l'industrie, de rémunérer de gros capitaux. Dans le volume des *Annales* de Grignon de 1829, le double but de l'établissement est nettement défini : « La société qui a fondé l'institution royale de Grignon s'est proposé deux buts essentiels : le premier de montrer que l'on peut augmenter beaucoup les produits d'un domaine, en y faisant, avec les moyens et les connaissances nécessaires, l'application des principes raisonnés de la culture et des bonnes méthodes consacrées par l'expérience ; le second, de répandre dans les différentes classes de la société l'instruction nécessaire pour bien cultiver ou pour diriger les travaux de la campagne. » Un traité mit ensuite, à la charge du budget de l'agriculture, toutes les dépenses de l'enseignement à l'école de Grignon, en vue de réduire le prix de la pension.

Les bases de l'enseignement agricole furent posées, à Grignon, avec une grande sûreté de vues et une connaissance parfaite du but à poursuivre. On y créa les chaires suivantes : agriculture, botanique et sylviculture, art vétérinaire, économie rurale, sciences physiques, mathématiques appliquées et constructions rurales.

A partir de 1830, des fermes-modèles ou fermes-écoles avaient commencé à s'organiser. Ces établissements, presque tous dus à l'initiative privée, avaient pour but d'apprendre, par un apprentissage méthodique, le métier de cultivateur à des jeunes gens âgés de dix-sept à vingt ans. Ils exécutaient tous les travaux de la ferme comme des domestiques, touchaient un salaire ou un pécule, et, à leur sortie, au bout de deux ou trois ans, ils recevaient un certificat de capacité.

En 1836, des cours d'agriculture, de mécanique agricole et de chimie agricole, furent créés au Conservatoire des arts et métiers. La chaire de chimie agricole fut confiée plus tard à Bous-

BOUSSINGAULT (1802-1887).

singault, dont les méthodes scientifiques guidèrent les recherches sur la production végétale, l'alimentation et l'engraissement du bétail. Ses travaux vinrent compléter ceux de Liebig.

Le Conseil général de l'agriculture demanda, en 1845, le vote d'une loi réglant l'organisation de l'enseignement spécial agricole. Le ministre de l'Agriculture et du Commerce, Cunin-Gridaine, donna des ordres pour la préparation de ce projet de loi; mais la révolution de Février ne lui permit pas d'achever son œuvre.

Cunin-Gridaine fut remplacé, sous la République, par Tourret, vice-président du conseil général d'agriculture, qui prescrivit, dès son arrivée au ministère, de reprendre les études commencées pour l'organisation de l'enseignement agricole. Le 17 juillet 1848, le projet de loi sur l'enseignement agricole fut déposé à l'Assemblée nationale, discuté sur le rapport de Richard (du Cantal) et adopté le 3 octobre 1848.

La loi du 3 octobre 1848 est demeurée la charpente maîtresse d'une œuvre qui s'est considérablement développée, mais qui est restée la même dans ses grandes lignes.

L'article premier du décret-loi du 3 octobre établissait trois catégories d'écoles :

1° Les **fermes-écoles** où l'on recevait une instruction élémentaire pratique;

2° Les **écoles régionales d'agriculture**, établissements d'enseignement secondaire, où l'instruction théorique et pratique était spécialement appropriée à la région agricole où se trouvait chaque école;

LIEBIG (1803-1873).

3° Un **institut national agronomique**, école supérieure pour l'enseignement scientifique de l'agronomie.

Destiné à embrasser dans un cadre systématique toutes les branches de l'instruction supérieure agricole, l'institut se présentait sous le triple aspect : d'un haut institut complémentaire d'enseignement, d'une école normale supérieure pour l'agriculture, d'une faculté des sciences agronomiques. Il devait donc servir à préparer des administrateurs pour les grands domaines ruraux et à permettre aux fils des grands propriétaires terriens de compléter leur instruction agricole par de hautes études spéciales.

Il avait également pour mission de former les professeurs dont les écoles régionales d'agriculture et les fermes-écoles allaient avoir besoin ; il devait être, en un mot, la pépinière des professeurs d'agriculture. Le nouvel établissement était, en outre, destiné à remplir le rôle d'une véritable faculté de sciences agricoles, puisqu'il constituait un foyer d'études scientifiques spéciales à l'agriculture.

RICHARD (du Cantal) [1802-1894].
Phot. Marius.

L'institut agronomique, qu'on avait d'abord songé à placer au château de Chambord, fut installé dans les dépendances du palais de Versailles. On lui adjoignit les trois grandes fermes de Satory, de Gallie et de la Ménagerie, les pépinières de Trianon, l'ancien haras, le potager du roi. L'institut agronomique de Versailles commença ses cours le 2 décembre 1850, avec un personnel de 9 professeurs nommés au concours, 47 élèves réguliers et 159 auditeurs libres.

Les trois écoles d'agriculture ou instituts agricoles de Grignon, Grand-Jouan, la Saulsaie, formèrent trois écoles régionales, pourvues chacune de six chaires d'enseignement. Le nombre des écoles régionales d'agriculture devait s'élever progressivement à vingt ; il n'atteignit que le chiffre de quatre écoles avec celle de

Saint-Angeau, dans le département du Cantal, supprimée quelques années après.

Le vaste programme tracé par le décret-loi du 3 octobre 1848 rencontra bien des obstacles dans les années qui suivirent. L'enseignement théorique de l'agriculture inspirait peu de confiance ; il y avait comme un antagonisme entre la science et la pratique. On se figurait, suivant l'exacte appréciation d'un contemporain, M. Tisserand, que l'agriculture mêlée à tout, existant partout et pratiquée par les intelligences les plus frustes, pouvait s'exercer sans qu'on eût besoin d'une instruction spéciale. Après deux ans de fonctionnement, l'institut agronomique de Versailles fut supprimé par un décret du 17 septembre 1852. Les considérants du décret portaient : 1° que l'institut agronomique entraînait des dépenses supérieures aux avantages qu'il offrait ; 2° que son enseignement trop élevé était en disproportion avec les besoins de l'agriculture.

J.-B. DUMAS (1800-1884).

Les collections, les animaux et le matériel de culture furent dispersés dans les écoles régionales d'agriculture dont l'Empire se borna à modifier le titre. On imprima, toutefois, aux trois écoles impériales d'agriculture une direction plus pratique que scientifique, conformément aux idées de l'époque. Le bail de la société qui avait fondé Grignon expirait en 1866 ; l'association liquida son exploitation et remboursa ses actionnaires. L'État se chargea de la direction de l'école. L'école de la Saulsaie, située dans une région isolée, fut ensuite transférée dans la région méditerranéenne, afin de fournir au Midi un enseignement approprié à sa culture.

Une commission présidée par Dumas, secrétaire de l'Académie des sciences, avait signalé, dès 1866, le vide creusé par la suppression de l'institut agronomique de Versailles et demandé la création d'une école scientifique, d'une sorte d'école polytechnique de l'agriculture. Mais les efforts de la commission en faveur de la création d'un établissement d'enseignement supérieur furent annulés par les événements de 1870.

Avec la troisième République, l'enseignement agricole arrive à son plein développement. L'institut agronomique est reconstitué en 1876, et l'enseignement scientifique des écoles nationales d'agriculture est développé, les programmes revisés; de grandes écoles spéciales d'horticulture, de laiterie, des industries annexes, sont successivement créées; les écoles pratiques d'agriculture sont organisées, et leur enseignement adapté à la région dans laquelle elles sont établies; des cours d'agriculture sont organisés dans les écoles normales et dans les collèges par les professeurs départementaux et spéciaux d'agriculture. La loi du 16 juin 1879 rend obligatoire, dans les écoles normales d'instituteurs et dans les écoles primaires, l'enseignement de l'agriculture. Des champs d'expériences et de démonstration sont organisés méthodiquement avec les subsides de l'État et des départements, sous la direction des professeurs départementaux d'agriculture, afin de permettre aux cultivateurs de se rendre compte des améliorations qu'ils peuvent apporter dans leurs exploitations. Les stations agronomiques et les laboratoires agricoles viennent compléter le cadre de l'enseignement.

Construit de toutes pièces avec des méthodes, des programmes, des plans d'études nouveaux, tout un système d'éducation moderne et d'enseignement pratique, l'enseignement agricole a pu suivre la rapide évolution de la fin du xix° siècle.

ÉTABLISSEMENTS ET INSTITUTIONS D'ENSEIGNEMENT AGRICOLE
DÉPENDANT DU MINISTÈRE DE L'AGRICULTURE

L'enseignement agricole est actuellement représenté par :

1° **L'institut national agronomique**, école supérieure de l'agriculture avec ses deux écoles d'application : l'*École nationale des eaux et forêts* et l'*École des haras*; c'est l'enseignement supérieur ou scientifique agricole, forestier, hippique.

2° Les **écoles nationales d'agriculture** : *Grignon, Montpellier, Rennes*; l'*École nationale des industries agricoles de Douai*; l'*École nationale d'horticulture de Versailles*; l'*École nationale d'industrie laitière de Mamirolle*.

3° Les **écoles pratiques** d'agriculture, d'horticulture, de viticulture, de laiterie, etc., avec prédominance de la pratique sur la théorie.

4° Les **fermes-écoles**, les fruitières ou fromageries-écoles, les **écoles de laiterie**, les **écoles d'aviculture**, etc., qui forment le groupe des écoles d'apprentissage, de l'enseignement purement pratique ou professionnel.

5° Un **enseignement mixte**, celui des professeurs de chimie agricole dans quelques facultés, celui des professeurs départementaux et spéciaux d'agriculture dans les écoles normales d'instituteurs, les lycées, les collèges et les écoles primaires. On peut y rattacher l'enseignement ambulant par les professeurs d'agriculture, comme conférenciers, et un enseignement de choses, par les faits, par les champs d'expériences et de démonstration.

6° Les **stations agronomiques**, les laboratoires agricoles et les laboratoires spéciaux chargés d'entreprendre des recherches et des études, d'effectuer des analyses. Ces établissements ne sont pas, à proprement parler, des institutions d'enseignement agricole, mais plutôt des établissements de renseignements pour les agriculteurs.

Cette classification ou plus exactement cette énumération n'a rien d'absolu. Elle ne vaut qu'à titre d'indication. La division universitaire de l'enseignement par les trois degrés, supérieur, secondaire et primaire, ne s'adapte pas rigoureusement à l'enseignement agricole, essentiellement utilitaire. Le cadre élastique de l'enseignement agricole permet d'y introduire toutes les institutions de nature à activer le progrès agricole dans toutes ses branches, et par là s'achève, dans la diversité, l'unité de cet enseignement. L'agriculture générale, les cultures industrielles, l'horticulture, la viticulture, les industries agricoles, la laiterie, la fromagerie, le drainage, la pisciculture, la sériciculture, l'aviculture ont leurs écoles particulières.

Notre enseignement officiel agricole donne à toutes les classes de la population rurale la facilité de faire acquérir à leurs enfants un enseignement professionnel approprié à leur état social et à leurs besoins ultérieurs. Les jeunes gens qui veulent faire de hautes études agronomiques, se destiner à l'enseignement, entrer dans l'administration des forêts ou dans celle des haras, ont l'institut agronomique, véritable école polytechnique des sciences physico-chimiques et naturelles; les fils des grands et des moyens propriétaires ruraux ont les écoles nationales ; les petits propriétaires ruraux et les cultivateurs peuvent envoyer leurs fils dans les écoles pratiques; les petits cultivateurs et les ouvriers ruraux ont à leur disposition les fermes-écoles et toutes les écoles spéciales d'apprentissage agricole.

CADRES DE L'ENSEIGNEMENT AGRICOLE

Au 1ᵉʳ janvier 1903, la liste des institutions d'enseignement qui relèvent du ministère de l'Agriculture comprenait :

I. — Enseignement supérieur ou scientifique

Institut national agronomique.	1
Écoles d'application de l'institut.	2

II. — Écoles nationales

Grignon, Montpellier, Rennes.	3
École nationale d'horticulture de Versailles.	1
École nationale des industries agricoles de Douai.	1
École nationale d'industrie laitière de Mamirolle.	1

III. — Écoles pratiques

Écoles pratiques d'agriculture.	24
Écoles d'irrigation et de drainage.	2
Écoles des cultures méridionales et de l'Algérie.	5
Écoles de viticulture.	4
Écoles de laiterie et de fromagerie.	5
Écoles agricoles ménagères et de laiterie pour filles.	3
Écoles d'aviculture.	2

IV. — Établissements de pratique pure et d'apprentissage

Fermes-écoles.	12
Fruitières ou fromageries-écoles.	13
Magnanerie-école.	1
École de pisciculture.	1

V. — Professeurs d'agriculture

Professeurs départementaux.	90
Professeurs spéciaux ou d'enseignement secondaire.	180

VI. — Établissements de recherches

Stations agronomiques ou laboratoires agricoles.	46
Stations viticoles.	2
Stations séricicoles.	3
Stations diverses.	12

BUDGET DE L'ENSEIGNEMENT AGRICOLE

La succession des crédits attribués à l'enseignement agricole montre quelle a été sa progression. En 1835, ces crédits étaient de 270 371 francs ; en 1889, ils dépassaient 4 millions ; en 1893, les crédits montent à la somme de 4 342 510 francs, non compris les écoles des forêts et des haras. Le budget de l'enseignement agricole s'élève à plus de 5 millions pour l'exercice 1903.

I. — ENSEIGNEMENT SUPÉRIEUR OU SCIENTIFIQUE

Institut national agronomique.

L'*Institut national agronomique* fut organisé par la loi du 9 août 1876 sur de larges bases, pour donner l'enseignement scientifique de l'agriculture et créer un personnel de savants agronomes, en état d'imprimer à l'agriculture française une nouvelle et puissante impulsion. Installé provisoirement dans les locaux du Conservatoire des arts et métiers, l'institut a été transféré en 1879 rue Claude-Bernard. Il est ainsi placé près des facultés et des établissements d'enseignement supérieur, dans un centre scientifique. Pour se développer librement, l'enseignement supérieur agricole a besoin des laboratoires, des collections, des bibliothèques, et aussi de cette atmosphère spéciale, faite d'idées échangées, des grands centres scientifiques. A Paris, les élèves se recrutent avec facilité et les professeurs appartiennent à l'élite du monde savant.

L'institut agronomique a pour but de former :

1° Des agriculteurs et des propriétaires possédant les connaissances scientifiques nécessaires pour la meilleure exploitation du sol ;

2° Des professeurs spéciaux pour l'enseignement agricole dans les écoles nationales et les écoles pratiques d'agriculture, dans les départements, dans les écoles normales, lycées, collèges, écoles primaires supérieures, etc. ;

3° Des administrateurs instruits et capables pour les divers services publics ou privés dans lesquels les intérêts de l'agriculture sont engagés ;

4° Des agents pour l'administration des forêts, conformément au décret du 9 janvier 1888 modifié par le décret du 11 novembre 1899 ;

5° Des agents pour l'administration des haras ;

6° Des directeurs et préparateurs de stations agronomiques ;
7° Des chimistes ou directeurs pour les industries agricoles (sucreries, féculeries, distilleries, fabriques d'engrais) ;
8° Des ingénieurs agricoles (drainages, irrigations, constructions de machines).

Le diplôme d'ingénieur agronome est considéré comme équivalant à une licence pour les anciens élèves de l'institut agrono-

L'Institut national agronomique de Paris (façade sur la rue Claude-Bernard).

mique, possesseurs d'un baccalauréat, qui désirent se faire inscrire au stage provisoire prescrit par le décret du 20 novembre 1894 pour être autorisés à prendre part au concours pour les emplois vacants d'attachés d'ambassade, d'élèves consuls et d'attachés à la direction politique et aux sous-directions des affaires commerciales de la direction des consulats.

Les élèves qui sont admis dans les forêts ou les haras entrent, à leur sortie de l'institut, à l'école forestière de Nancy ou à l'école des haras du Pin.

L'admission à l'institut a lieu à la suite d'un concours. Les conditions d'admission sont précisées dans un programme d'entrée communiqué aux candidats. Il se présente annuellement à l'institut agronomique 250 à 280 candidats, et 80 sont admis après le concours ; ce qui permet de n'admettre que les jeunes gens ayant déjà une certaine culture scientifique. Le niveau du concours est un peu supérieur à celui du baccalauréat de mathématiques ; il comprend des épreuves écrites et des épreuves orales ; les épreuves écrites sont éliminatoires. Il est tenu compte aux candidats, mais à l'examen oral seulement, de la possession de certains diplômes, sans qu'il puisse y avoir cumul des différents titres.

La rétribution scolaire pour l'enseignement et les frais d'examen est fixée à 500 francs par an. Chaque année, dix bourses de 1 000 francs sont accordées, ainsi que dix bourses consistant dans la remise de la rétribution scolaire. Les bourses de 1 000 francs peuvent être fractionnées, et elles donnent droit pour chacun des bénéficiaires d'une fraction à la gratuité de l'enseignement. Plusieurs départements et quelques villes attribuent des allocations aux élèves de l'institut originaires de la région.

Indépendamment des élèves réguliers, l'institut agronomique reçoit des auditeurs libres qui ne sont soumis à aucune condition d'âge et qui sont dispensés de tout examen d'admission ; ils suivent les cours qui sont à leur convenance, mais ils n'ont entrée ni aux salles d'études, ni aux laboratoires. Ils payent une rétribution annuelle de 100 francs.

Les étrangers peuvent être admis à l'institut, soit comme élèves, soit comme auditeurs libres ; ils sont soumis aux mêmes conditions que les nationaux.

Le régime de l'école est l'externat. La durée régulière des études est de deux ans. L'année scolaire commence le 15 octobre et se termine le 15 juillet.

Les élèves diplômés, qui en sont jugés dignes, sont admis à faire une année complémentaire d'études, dite année de perfectionnement, dans les conditions prévues par des règlements spéciaux. Les mieux classés peuvent recevoir à cet effet une allocation de stage de 100 francs par mois.

Les élèves qui, sans avoir obtenu le diplôme, ont fait preuve de connaissances suffisantes et d'un travail régulier, reçoivent un certificat d'études délivré par le ministre de l'Agriculture.

Tous les ans, les deux élèves classés les premiers sur la liste de sortie peuvent recevoir, aux frais de l'État, une mission complémentaire d'études, soit en France, soit à l'étranger ; cette mission a une durée de trois années.

L'enseignement de l'institut agronomique est caractérisé par ce fait qu'il comprend l'étude des sciences appliquées à l'agriculture précédant l'étude de l'agronomie proprement dite.

L'Institut national agronomique. — Vue des jardins.

Lorsque l'élève entre à l'école, il possède déjà les éléments des sciences d'une façon assez étendue. Au moment de la fondation de l'institut, il n'en était pas de même ; les élèves n'avaient que des connaissances scientifiques restreintes. Aussi existait-il un certain nombre de chaires purement théoriques (chimie générale, physique, géologie, botanique), qui ont disparu peu à peu et ont été remplacées par des chaires de sciences appliquées ou de pratique pure.

Actuellement, l'enseignement comprend trois parties bien distinctes :

1° En première année et pendant le premier semestre, les élèves reçoivent l'enseignement supérieur des sciences appliquées à l'agriculture. Cette première partie du programme constitue l'étude des sciences fondamentales de l'agronomie ;

2° Pendant le second semestre de la première année et pendant toute la seconde année, les étudiants reçoivent l'enseignement agronomique proprement dit où la pratique est appuyée sur la connaissance des notions scientifiques les plus élevées ;

3° Pendant les deux années et pendant les vacances que les élèves passent dans des exploitations rurales, les étudiants reçoivent un enseignement pratique agricole, au domaine d'étude, dans les usines, stations et grandes exploitations qu'ils visitent. Cet enseignement est désigné dans le programme sous le nom de « pratique agricole ».

L'enseignement comprend les cours suivants :

Anatomie et physiologie animales ; zoologie appliquée à l'agriculture. Anatomie et physiologie végétales ; botanique descriptive ; pathologie végétale. Minéralogie et géologie. Microbiologie. Mathématiques. Mécanique et hydraulique agricoles. Physique et météorologie. Chimie générale. Chimie agricole. Agriculture générale et cultures spéciales. Agriculture comparée. Cultures coloniales. Arboriculture et horticulture. Viticulture. Constructions rurales et machines agricoles. Zootechnie. Hippologie. Technologie agricole. Droit administratif et législation rurale. Économie politique. Économie forestière. Comptabilité agricole. Hygiène rurale. Analyse et démonstrations chimiques.

Les cours sont complétés par des conférences et des exercices ou des démonstrations pratiques d'agriculture, de chimie, de physiologie, de zoologie, de zootechnie, de minéralogie, de génie rural, de sylviculture, d'arboriculture, de viticulture et de pisciculture.

Il y a deux cours par jour : le premier, de huit heures et demie à dix heures du matin ; le second, de dix heures et demie à midi. De midi à une heure et demie, les élèves prennent leur repas en dehors de l'établissement. L'après-midi est consacré, à tour de rôle, aux travaux de laboratoire, au dessin, aux exercices au domaine d'étude, aux excursions.

L'institut agronomique est dirigé par le Dr Regnard, membre de l'Académie de médecine. Le personnel enseignant, qui compte de véritables savants, comprend 20 professeurs, 10 maîtres de conférences, 6 chefs de travaux, 15 répétiteurs ou préparateurs.

L'enseignement de l'institut agronomique est facilité par les applications dans lesquelles l'élève vérifie, voit ou exécute ce qu'il vient d'entendre. Plusieurs fois par semaine, il y a des exercices de levés de plans et de dessin topographique, d'architecture rurale et de machines agricoles. Les élèves suivent des excursions agricoles, industrielles, botaniques et géologiques, qui ont lieu les jeudis. Ces exercices sont complétés par des visites de fermes, de marchés aux bestiaux et d'usines agricoles.

L'institut dispose comme annexes de divers établissements de recherches et d'expérimentation, des stations et laboratoires suivants : station d'essais de semences, station d'essais de machines, station de pathologie végétale, laboratoire de fermentations, station d'entomologie, station de viticulture et d'œnologie, station expérimentale d'hydraulique agricole. Ces stations caractérisent la direction nouvelle où est entrée l'agriculture moderne.

Le domaine du Chenil-Maintenon, d'une contenance de 281 hectares, sis à Noisy-le-Roi, est mis à la disposition des élèves de l'institut agronomique comme domaine d'études. Les élèves, conduits par les professeurs et les chefs de travaux, y assistent à toutes les opérations de la grande culture dans les conditions mêmes où elles se pratiquent. Ce domaine est complété par un champ d'expériences et de démonstration d'une contenance de 6 hectares.

Le temps des études est interrompu par des vacances qui durent trois mois. Mais la direction de l'institut agronomique a pris des mesures pour que les élèves dont les parents ne sont pas agriculteurs puissent passer deux mois au moins de leurs vacances dans des fermes bien tenues. Les connaissances que les élèves puisent ainsi dans l'observation des faits, dans le contact des cultivateurs, les intéressent à l'enseignement agricole. Les élèves de l'institut agronomique rapportent de ces stages un journal de vacances où ils relatent l'emploi de leur temps, les observations qu'ils ont faites, les travaux agricoles auxquels ils ont participé. Ils rédigent aussi, soit une monographie de la ferme, soit un travail sur un sujet particulier. Tous ces travaux sont corrigés, notés, et interviennent dans les classements.

Les élèves de l'institut agronomique bénéficient de l'article 23 de la loi du 15 juillet 1889, relative à l'exemption partielle du service militaire, lorsqu'ils se trouvent dans les conditions prévues par l'article 2 du décret du 23 novembre 1889 :

« Art. 2. — Sont considérés comme pourvus du diplôme supérieur les soixante élèves français classés à la sortie en tête de la liste de mérite, pourvu qu'ils aient obtenu pour tout le cours de leur scolarité 70 pour 100 au moins du total des points que l'on peut obtenir. »

ÉCOLES D'APPLICATION DE L'INSTITUT AGRONOMIQUE.

École nationale des eaux et forêts de Nancy (1).

L'*École des eaux et forêts de Nancy* est destinée à assurer le recrutement du personnel supérieur de l'administration des eaux et forêts. Créée par l'ordonnance de 1824, l'école fut installée à Nancy, rue Girardet, dans la maison de l'ancien architecte du roi Stanislas. L'école de Nancy a subi, depuis sa fondation, un certain nombre de réorganisations qui ont modifié le cadre primitivement tracé.

Depuis le décret du 9 janvier 1888, l'école des eaux et forêts se recrute parmi les élèves diplômés de l'institut agronomique, à l'exception de deux élèves de l'école polytechnique; elle est ainsi devenue une école d'application de l'institut. Les candidats à l'école forestière doivent, en conséquence, acquérir à l'institut agronomique le premier degré de leur instruction spéciale. Les connaissances nécessaires à un bon administrateur forestier sont devenues si variées que les matières à enseigner ne pouvaient plus trouver place dans les deux années réglementaires d'études. Débarrassé de toutes les études préparatoires qui l'encombraient et donné à des jeunes gens instruits qui possèdent déjà, en sciences naturelles, mathématiques appliquées et droit, des connaissances étendues, l'enseignement de l'école de Nancy peut embrasser l'étude approfondie de la gestion scientifique et économique des forêts. La carrière forestière produisant sur les élèves de l'institut agronomique la même attraction que les carrières civiles pour les élèves de l'école polytechnique, c'est ordinairement dans le premier tiers des élèves de la liste sortante

---

(1) L'école nationale des eaux et forêts et l'école des haras se trouvent en quelque sorte hors rang, puisque ce sont des établissements spéciaux d'enseignement des sciences forestière et hippique.

que se recrutent les élèves de Nancy. Pour être admis à l'école forestière, les élèves diplômés de l'institut doivent justifier : en ce qui concerne les mathématiques, d'une moyenne de 15 au moins pour l'ensemble des épreuves subies à l'institut ; en ce qui

1830.   1862.   1897.
Uniformes des élèves de l'École nationale des eaux et forêts de Nancy (1).

concerne les langues vivantes (allemand ou anglais), de connaissances spéciales en ces langues.

Au moment de leur admission à Nancy, les élèves contractent, devant l'autorité militaire, un engagement de trois ans. Après les deux années d'études à l'école, ils vont compléter leur instruction militaire dans un régiment, en qualité de sous-lieutenants. Ils sont ensuite nommés gardes généraux stagiaires.

Les élèves reçoivent à Nancy un traitement de 1 200 francs pour

---

(1) D'après *L'Enseignement forestier en France*, par M. GUYOT.

équipements, instruments et livres; une somme de 600 francs est également perçue pour les frais de tournées, les examens

École nationale des eaux et forêts, à Nancy. — Vue des jardins. — Phot. de M. Du Vachat.

pratiques, les leçons d'équitation. Les élèves sont astreints à l'uniforme et portent le sabre.

Le régime de l'école forestière, intermédiaire entre l'externat et le casernement, est analogue à celui de l'école de Fontainebleau.

Exercice de tir des élèves de l'École nationale forestière en forêt de Haye. — Phot. de M. Du Vachat.

L'école de Nancy reçoit aussi des élèves libres, français ou de nationalité étrangère. Ils sont admis aux cours et aux travaux

pratiques, sur l'autorisation du ministre de l'Agriculture. L'enseignement donné à l'école de Nancy a été suivi par un grand nombre d'étrangers : Belges, Anglais, Roumains, Russes, etc.
L'enseignement est donné par neuf professeurs.

Matières enseignées : sciences forestières; sciences naturelles appliquées; mathématiques appliquées; législation forestière; langue allemande; art militaire.

Depuis le décret du 30 décembre 1897 qui a étendu les attributions de l'administration des eaux et forêts, les améliorations pastorales, l'aménagement et l'utilisation des eaux, la pêche et la pisciculture ont reçu des développements dans la plupart des branches de l'enseignement.

Comme champ d'étude affecté à l'enseignement, l'école des eaux et forêts possède près de Nancy la pépinière domaniale de Bellefontaine et un certain nombre de groupes d'exploitations forestières ou séries dans les forêts domaniales des Vosges et de Meurthe-et-Moselle. Au printemps, les élèves de Nancy font des excursions dans les régions forestières des Vosges, du Jura, du Centre et des Alpes.

Une station de recherches et d'expériences forestières est attachée à l'école de Nancy. Cette station a pour but de compléter l'enseignement théorique par des expériences et par des opérations auxquelles peuvent participer les élèves. On y fait aussi des observations de météorologie forestière et des recherches sur des questions de pisciculture et de physiologie végétale.

Pour compléter les renseignements sur l'enseignement forestier, mentionnons les deux écoles de sylviculture des Barres, près de Montargis.

1° **L'École secondaire d'enseignement forestier des Barres**, créée en 1882, a remplacé les écoles secondaires de sylviculture ou centres d'instruction de Grenoble, Épinal, Toulouse et Villers-Cotterets. Elle a pour but de donner aux brigadiers et gardes forestiers l'instruction professionnelle indispensable pour leur permettre d'exercer les fonctions de garde général. Elle est pour l'administration des eaux et forêts ce que les écoles de Saint-Maixent et de Versailles sont pour l'armée. Les brigadiers élèves, après avoir subi avec succès les examens de sortie, sont nommés gardes généraux stagiaires.

2° **L'École pratique de sylviculture des Barres**, fondée en 1873, a pour but de former des gardes particuliers, des régisseurs forestiers et, subsidiairement, des préposés forestiers. Le recrutement a lieu par voie de concours; les candidats doivent avoir dix-sept ans au moins et trente-cinq ans au plus. L'examen se compose de trois épreuves écrites : 1° une dictée; 2° une composition d'histoire de France contemporaine et de géographie physique de la France et de ses colonies; 3° une composition de mathématiques (les quatre règles, le système métrique). L'école reçoit des élèves internes et des demi-pensionnaires. Comme pour l'école secondaire, les élèves sont organisés en mess.

Les élèves qui ont satisfait aux examens de sortie à la fin de la deuxième année d'études reçoivent un certificat délivré par le directeur général des eaux et forêts.

École nationale des haras.

L'*École nationale des haras* est établie dans les bâtiments du haras du Pin. Cet établissement, construit en 1716, d'après les

École nationale des haras du Pin (Orne).

plans de Mansard, est situé dans une des régions les plus fertiles du département de l'Orne et entouré d'un superbe domaine d'une étendue de 1 129 hectares.

Fondée par ordonnance du 24 octobre 1840, l'école des haras fut supprimée par décret en 1852 et rétablie par la loi organique de 1874. Elle est placée sous le commandement du directeur du haras du Pin.

De 1874 à 1892, l'école des haras fut une école spéciale où, après examen, les élèves entraient directement. Depuis le décret du 20 juillet 1892, les élèves officiers se recrutent parmi les élèves diplômés de l'institut agronomique, comme ceux de l'école des eaux et forêts, suivant le mode adopté à l'école polytechnique pour le recrutement de ses écoles d'application. Après deux années d'études à l'école du Pin et l'année de service militaire, les élèves sont nommés surveillants dans un dépôt d'étalons.

Le nombre des élèves officiers de l'école des haras admis chaque année ne peut être supérieur à trois. Avant d'être définitivement admis à l'école des haras, les élèves diplômés de l'institut agronomique, qui demandent à y entrer, passent devant deux commissions chargées de constater leurs aptitudes. L'examen comprend deux parties : 1° examen de l'état physique par une commission composée de deux inspecteurs généraux des haras, dont le plus ancien est président, et d'un médecin militaire désigné par le ministre de la Guerre. Cet examen a lieu à Paris, au ministère de l'Agriculture, dans les premiers jours qui suivent la sortie des élèves de deuxième année de l'institut agronomique ; 2° épreuve pratique d'équitation devant une commission composée d'un inspecteur général des haras, président, et de deux écuyers civils ou militaires désignés par le ministre. Cette épreuve est éliminatoire. Elle a lieu au Pin ou à Paris.

Pour devenir un bon officier des haras, les connaissances agronomiques ne suffisent pas : il faut aimer le cheval et l'équitation et avoir des aptitudes spéciales.

La limite d'âge pour l'école des haras est de vingt-cinq ans au 1er janvier de l'année d'admission. Le mode de recrutement inauguré par le décret du 20 juillet 1892 a l'avantage d'élever le niveau scientifique des candidats à l'école des haras, de leur permettre de se livrer, dès leur entrée au Pin, aux études spéciales, d'étudier exclusivement la science hippique.

L'école a pour but de former des fonctionnaires pour l'administration des haras et d'enseigner l'art hippique aux élèves libres qui désirent suivre les cours de cette école. Les Français et les élèves de nationalité étrangère qui en font la demande au ministre de l'Agriculture, les premiers directement, les seconds par la voie diplomatique, peuvent être admis à suivre les cours de l'école, sans examen, en qualité d'élèves libres.

Les élèves officiers sont logés et instruits gratuitement ; ils reçoivent un traitement annuel de 1 200 francs. Les élèves libres, logés au haras, payent une rétribution scolaire de 1 000 francs par an. La durée des études est de deux ans.

Le personnel enseignant de l'école comprend sept professeurs.

Cours professés à l'école des haras : Science hippique ; influences modificatrices des races ; généalogies ; modes de reproduction ; lois de l'hérédité; modes d'élevage; courses; institutions hippiques de la France. — Administration et tenue des établissements de haras; comptabilité et notions de droit administratif. — Agriculture théorique et pratique; botanique fourragère; hygiène. — Équitation théorique et pratique; attelage et dressage. — Anatomie, physiologie, extérieur du cheval; médecine vétérinaire; ferrure.

L'enseignement comprend en outre le dessin et l'anglais.

II. — ÉCOLES NATIONALES D'AGRICULTURE.

Les trois *écoles nationales d'agriculture* sont établies à *Grignon, Montpellier* et *Rennes*. Bien que l'enseignement porte sur l'ensemble des connaissances agronomiques dans les trois écoles, l'école de Grignon étudie principalement la grande culture et les industries agricoles du nord de la France, celle de Montpellier est orientée vers la viticulture et l'école de Rennes s'occupe des procédés culturaux de la région de l'ouest, de l'industrie laitière, de la fabrication du cidre. Ce ne sont pas là des spécialisations, mais simplement des orientations spéciales.

Le voisinage de Paris pour l'école de Grignon a toujours rendu facile le recrutement des professeurs et des élèves, et c'est là une des causes de la prospérité de Grignon, la plus ancienne de nos écoles d'agriculture. Les deux autres écoles nationales, Montpellier et Rennes, sont situées dans des grandes villes ou plus exactement aux environs. L'école de la Saulsaie, qui se trouvait dans une région éloignée de tout centre important, avait périclité à tel point dans les dernières années de l'Empire qu'on dut la transférer dans une autre région. On l'établit près de Montpellier. L'ancienne école de Grand-Jouan qui se trouvait dans un pays de landes et dont le recrutement laissait également à désirer fut transférée à Rennes en 1895.

L'installation dans les grands centres offre des avantages à la fois aux professeurs et aux élèves. Les professeurs de sciences ont besoin d'avoir à leur disposition les ressources que possèdent seules les grandes villes afin de poursuivre leurs travaux et leurs recherches; ils y trouvent également plus de facilité pour faire instruire leurs enfants. Les élèves sont plus portés à venir dans les agglomérations nombreuses où, pour les externes, les logements et les pensions ne font pas défaut et où l'entretien est plus facile; de plus, ils prennent contact avec les étudiants de l'Université et vivent dans une atmosphère d'étude très propice à l'émulation. D'autre part, les étudiants ont leur attention attirée sur l'école d'agriculture, et ils apprennent à la connaître et à apprécier l'importance et l'utilité des études agronomiques ; il en résulte pour l'école un renom qui facilite son recrutement.

L'enseignement actuellement donné dans les écoles nationales ne permet plus de les classer dans la catégorie des établissements d'enseignement secondaire. Les élèves qui s'y présentent sortent pour la plupart des lycées et collèges, et ils abordent à l'école d'agriculture des études qui ne sont pas le prolongement de l'enseignement universitaire ; ce sont des études nouvelles d'un ordre scientifique élevé et n'ayant plus les caractères de l'instruction générale donnée dans les lycées et collèges, mais se rapportant plutôt à l'enseignement spécial réservé aux facultés. Ces écoles, d'ailleurs, ont avec les facultés certains points communs, tels que la spécialisation de l'enseignement, les travaux et les recherches effectués par les professeurs.

Les écoles de Grignon et de Montpellier reçoivent des élèves internes, des demi-internes, des externes et des auditeurs libres ; l'école de Rennes ne reçoit que des externes et des auditeurs libres. Le prix de la pension est de 1 200 francs pour Grignon, de 1 000 francs pour Montpellier. Le prix de la demi-pension est de 600 francs, et celui de l'externat de 400 francs, pour les trois écoles. La rétribution exigée des auditeurs libres est fixée à 200 francs. Des bourses ou fractions de bourse sont accordées par le ministre de l'Agriculture à des élèves internes, demi-internes ou externes, au moment de l'entrée à l'école. L'admission a lieu au concours.

Les trois écoles reçoivent chaque année autant d'élèves que les locaux et les crédits le permettent. Réunies, elles comptent annuellement environ 180 à 200 élèves admis à la suite de l'examen d'entrée. Il faut remarquer que le nombre des candidats qui se présentent augmente d'année en année. Pour 180 élèves reçus, on compte 450 élèves environ prenant part au concours. Avant 1889, le diplôme du baccalauréat dispensait de passer l'examen, mais, à partir de cette époque où fut promulguée la loi accordant le bénéfice de l'exemption de deux années de service militaire aux diplômés des écoles nationales, tous les candidats durent subir l'examen. Le nombre des concurrents augmentant, l'examen d'entrée devint un véritable concours, le nombre des élèves à admettre étant limité par les locaux dont on pouvait disposer pour l'enseignement dans les écoles. Aujourd'hui, ce concours présente des difficultés sérieuses.

La durée des études est deux ans et demi pour les écoles

de Grignon et de Montpellier et de deux ans seulement pour celle de Rennes.

L'enseignement comprend : la zoologie, la botanique, la minéralogie et la géologie agricoles, la physique et la météorologie, la chimie générale et agricole, l'agriculture, l'horticulture, l'arboriculture, la viticulture, la sylviculture, le génie rural, la zootechnie, l'entomologie, la sériciculture, l'apiculture, la technologie, l'économie, la législation et la comptabilité rurales, l'hygiène et les exercices militaires. Les cours et conférences, qui constituent l'enseignement théorique, sont généralement suivis d'exercices par lesquels ils sont complétés, sur le terrain, aux laboratoires ou dans les étables. Les élèves sont exercés aux diverses manipulations de chimie, aux analyses, aux herborisations, aux travaux concernant le démontage des machines, les maniements d'animaux.

Les cours sont réservés aux matières principales et les conférences aux matières annexes. La première partie des études est consacrée aux sciences pures, puis, le professeur passe à l'examen des sciences appliquées et enfin à la technique agricole; il s'avance ainsi progressivement ne s'appuyant que sur les démonstrations déjà faites et sur les choses acquises. Chaque professeur est assisté par un répétiteur préparateur dont la mission est de préparer les cours et les exercices d'application, ainsi que d'interroger les élèves; il aide également le professeur dans les travaux spéciaux de son cours et dans ses recherches.

Une notable amélioration a été apportée depuis quelques années aux travaux d'application, par suite de la création de laboratoires spéciaux pour chaque cours et de champs d'expériences et d'essais.

Une exploitation agricole complète, avec jardins, cultures diverses, est annexée à ces écoles. Les opérations de la culture y sont faites régulièrement et constamment. Les élèves sont appelés à y assister. Ils sont ainsi habitués à l'observation et aux prévisions que les diverses opérations culturales exigent sans cesse des cultivateurs, et préparés aux travaux qu'ils devront plus tard effectuer.

A la fin de leurs études, les élèves qui ont satisfait à toutes les épreuves exigées par le règlement reçoivent le diplôme des écoles nationales d'agriculture.

Les élèves qui, sans avoir obtenu de diplôme, ont fait preuve de connaissances suffisantes et d'un travail régulier peuvent obtenir un certificat d'études.

Chaque année, les trois élèves sortis les premiers de leur promotion peuvent recevoir : le premier, une médaille d'or; le second, une médaille d'argent; le troisième, une médaille de bronze. Les deux élèves sortis les premiers peuvent obtenir, aux frais de l'État, un stage agricole de deux années dans des exploitations publiques ou privées pour compléter leur instruction pratique.

Les élèves sortis des écoles nationales d'agriculture ont fourni à l'agriculture française et étrangère des agriculteurs connus et appréciés, comme propriétaires, fermiers, régisseurs. Un certain nombre se sont adonnés à l'enseignement agricole, comme professeurs d'agriculture ou directeurs d'établissements agricoles.

Aux termes du décret du 23 novembre 1889, rendu pour l'exécution de la loi du 15 juillet 1889 sur le recrutement de l'armée, les jeunes gens diplômés des écoles nationales d'agriculture, compris dans les quatre premiers cinquièmes de la liste de mérite de ceux des élèves français qui ont obtenu, pour tout le cours de leur scolarité, 65 pour 100 au moins du total des points que l'on peut obtenir d'après les réglements desdites écoles, ne sont astreints, en temps de paix, qu'à un an de présence sous les drapeaux. Le bénéfice de cette dispense est définitivement acquis à ceux qui, remplissant les conditions de classement et de notation ci-dessus indiquées, produisent le diplôme des écoles nationales d'agriculture au moment de leur appel au service. Il est accordé un sursis, à titre provisoire, aux jeunes gens qui présentent à l'autorité militaire un certificat constatant leur admission comme élèves dans lesdites écoles. Ces jeunes gens sont renvoyés dans leurs foyers après un an de présence sous les drapeaux; mais ils doivent, sous peine d'être astreints aux deux années de service militaire qu'ils n'ont pas faites, obtenir avant l'âge de vingt-six ans leur diplôme dans les conditions déterminées.

Ecole nationale d'agriculture de Grignon.

A l'*École de Grignon*, on étudie la grande culture, la culture des céréales, des plantes fourragères et industrielles, l'élevage des bestiaux et les industries agricoles du nord de la France.

L'école possède 125 hectares de terres labourables et de prairies naturelles. Un champ d'expériences, des jardins (potager, botanique, dendrologique), une vacherie, une bergerie et une porcherie d'élevage et d'expériences complètent l'enseignement pratique.

Les services de l'exploitation ont une durée de dix jours, partant des 1er, 10 et 20 de chaque mois, et comprennent : 1° le ser-

École nationale d'agriculture de Grignon (Seine-et-Oise).

École nationale d'agriculture de Grignon. — Jardin botanique.

vice des cultures ; 2° le service des animaux et de la cour ; 3° le service du génie rural et du fonctionnement des machines ; 4° le service du champ d'études et des jardins ; 5° le service du jardin botanique et des collections; 6° le service des observations météorologiques et divers autres, suivant les besoins.

Les élèves doivent tenir note de tous les faits observés par eux et remettre un rapport de service.

On voit par ce qui précède que l'enseignement donné à Grignon n'est pas seulement théorique, mais aussi pratique, qu'il s'inspire des réalités de la vie rurale, et y prépare les Grignonnais. Aussi l'école de Grignon est renommée, même à l'étranger, pour la pondération et l'équilibre de son programme d'enseignement.

École nationale d'agriculture de Montpellier.

L'*École de Montpellier* a été installée en 1892, sur le domaine de La Gaillarde, qui a une contenance de 26 hectares, dont 8 hect. 75 de vignes ; c'est notre grande école de viticulture. Le vignoble sert aux expériences de traitement des maladies de la vigne. Des plantations de mûriers et d'oliviers servent aux exercices pratiques de taille ; la feuille des mûriers est utilisée pour les éducations de vers à soie de la station séricicole.

L'enseignement de l'école de Montpellier comprend l'agriculture générale et, plus spécialement, les cultures de la région méditerranéenne (la vigne, l'olivier), l'élevage du mouton, l'éducation des vers à soie, la vinification, la fabrication de l'huile. La durée des études est de deux ans et demi. L'enseignement s'adresse aux jeunes gens qui désirent exploiter leurs terres, devenir gérants de grandes propriétés ou entrer dans l'enseignement agricole.

L'instruction est donnée dans des cours réguliers et des conférences complétés par des travaux pratiques, effectués sur le domaine et dans les laboratoires de l'école, et par des excursions dans les établissements agricoles et industriels du voisinage et de la région.

Les élèves prennent part aux divers travaux et services de l'exploitation. Ils ont ainsi l'occasion de pénétrer dans les détails de la surveillance, de l'exécution et de la direction des travaux de la ferme.

Ces travaux forment cinq groupes ou services : 1° la culture et le cellier ; 2° les jardins ; 3° les animaux ; 4° le génie rural ;

École nationale d'agriculture de Montpellier. — Vue générale.

5° la viticulture et la météorologie. A tour de rôle, six élèves par service sont chargés de suivre les opérations effectuées dans chaque groupe pendant une période de deux semaines, et ils doivent fournir un rapport sur ces travaux.

Le total des élèves réguliers admis depuis la fondation de l'école, en 1872, jusqu'à la rentrée d'octobre 1899 inclusivement, s'élevait à 1 470. A ce nombre, il y a lieu d'ajouter celui de

La taille des mûriers à l'école de Montpellier.

635 auditeurs libres, dont plusieurs ont suivi assez régulièrement différents cours de l'école.

L'école de Montpellier s'est toujours préoccupée d'extérioriser son enseignement. Depuis sa création, aucune question de quelque importance pour la pratique agricole n'a été soulevée dans la région méridionale sans qu'elle ait été l'objet dans les laboratoires de l'école de patientes recherches souvent couronnées de succès.

Les services rendus à la viticulture par les travaux des professeurs de l'école pendant la crise phylloxérique, en sont une preuve frappante. C'est à l'école de Montpellier que s'est réuni, en 1893, le congrès international viticole organisé par la Société centrale d'agriculture de l'Hérault.

École nationale d'agriculture de Rennes.

La proximité d'une grande ville, comme Rennes, a déterminé en 1895 l'administration de l'agriculture à effectuer, après le vote du conseil général d'Ille-et-Vilaine, le transfert à Rennes de l'école nationale d'agriculture de Grand-Jouan, dont la situation n'était favorable ni au recrutement des élèves, ni aux travaux des professeurs, obligés de résider à Nantes.

Le domaine de l'école a une superficie totale de 32 hectares. Les jardins botaniques, les champs d'expériences (agriculture, chimie, génie rural), les champs d'études sont disposés autour des bâtiments de l'école.

L'*École d'agriculture de Rennes* est surtout destinée à l'étude des procédés culturaux de la région de l'ouest; elle s'occupe particulièrement de l'industrie laitière et de l'industrie du cidre. On y étudie la culture pastorale mixte, la culture par le colonage partiaire, les prairies naturelles, les cultures industrielles et fruitières et les industries agricoles de l'ouest de la France.

Cours : Agriculture, viticulture, horticulture, arboriculture fruitière. Zoologie, zootechnie, hygiène. Chimie agricole, technologie. Physique, météorologie, minéralogie et géologie. Botanique et sylviculture. Génie rural. Économie et législation rurales.

L'enseignement général est complété par des conférences d'hygiène humaine faites par le médecin de l'école, par des conférences d'horticulture et des exercices pratiques au jardin, par des opérations pratiques de culture sur le terrain.

Depuis 1895, époque du transfert de l'école nationale d'agriculture de Grand-Jouan à Rennes, le nombre des élèves inscrits a suivi une progression constante. Les élèves trouvent à Rennes des laboratoires pourvus d'un matériel qui leur permet d'acquérir les connaissances agronomiques nécessaires. L'externat ne les empêche pas de suivre toutes les opérations culturales, de prendre part à tous les travaux pratiques. Divisés en sections, ils doivent rendre compte dans des rapports des faits observés, chaque semaine, dans les différents services de la ferme. Le voisinage de l'école des Trois-Croix offre encore une utile ressource pour l'enseignement pratique. Des beurreries sont établies au Theil, à Vitré, à Argentré et Montreuil. On fait du cidre dans toutes les fermes de la région, et de nombreuses cidreries industrielles sont installées à Rennes.

École nationale d'agriculture de Rennes. — Vue générale.

Une leçon d'arpentage et de nivellement à l'école d'agriculture de Rennes.

École nationale d'horticulture de Versailles.

L'*École nationale d'horticulture*, créée par la loi du 16 décembre 1873, est établie au potager de Versailles, organisé par La Quintinie, jardinier de Louis XIV. Les parcs du château, les importants établissements horticoles de Versailles, les pépinières, les jardins maraîchers et les jardins fleuristes, si nombreux et si réputés dans la région, constituent un ensemble unique de conditions favorables à l'enseignement de l'horticulture.

Sous la direction de Hardy, le potager de Versailles, tout en restant un jardin de production fruitière et légumière, est devenu un jardin d'étude et d'essais pour l'instruction des élèves.

Le potager, d'une superficie de près de 10 hectares, que La Quintinie avait divisé en 29 enclos, ne comprend plus que 16 jardins : grand carré, carré des serres où se trouvent presque toutes les cultures qui se font dans les bâches et serres ; jardin d'hiver ; jardin Saint-Louis ; jardin Satory ; jardin de la Grille (ancien jardin de la Prunelay) ; jardin d'Anjou (autrefois jardin des pêches tardives) ; le parc ; jardin des Onze ; jardin de la collection ; le fleuriste ; le jardin d'agrément et le petit jardin... Les cultures y sont réparties en cinq catégories : cultures de primeurs, cultures fruitières, cultures ornementales de plein air, cultures ornementales de serre et cultures potagères.

L'école d'horticulture de Versailles renferme tous les éléments d'instruction voulus pour que les élèves puissent connaître à fond leur métier. Les parcs de Versailles et de Trianon, l'Orangerie, la pépinière de Trianon permettent de compléter leur instruction au point de vue de l'art.

Cette école a pour but de former :

1° Des horticulteurs, des pépiniéristes et des marchands grainiers, capables et instruits, possédant de sérieuses connaissances horticoles au double point de vue théorique et pratique ; 2° des chefs de jardins botaniques, des professeurs d'horticulture, des architectes et des dessinateurs paysagistes, des entrepreneurs de jardins, des conducteurs de travaux, etc. ; 3° des chefs de culture pour l'enseignement de l'horticulture pratique dans les écoles d'agriculture, dans les écoles normales ; 4° des régisseurs, des chefs jardiniers et des jardiniers pour les divers services publics ou privés ; 5° des agents de culture pour les jardins coloniaux et pour les exploitations coloniales.

Le régime de l'école est l'externat. L'instruction y est donnée gratuitement.

École nationale d'horticulture de Versailles. — Vue générale.
Extrait de l'album publié par A. Bordier, éditeur à Versailles.

La taille des arbres à l'école d'horticulture de Versailles.

A. Bordier, éditeur.

Les cours sont complétés par des exercices ou des démonstrations pratiques faites par les professeurs. L'enseignement pratique est manuel et raisonné. Il s'applique à tous les travaux du jardinage, quelles que soient leur nature et leur durée. Les élèves sont appelés à fournir la main-d'œuvre nécessaire à l'établis

La serre à vigne de l'école d'horticulture de Versailles.
A. Bordier, éditeur.

sement et sont tenus d'exécuter tous les travaux afin d'acquérir l'habileté manuelle indispensable.

En outre, des ateliers ont été créés dans le but d'enseigner aux élèves la confection des bâches, châssis et paillassons, et de les initier à la pratique courante des travaux de vitrerie et de peinture, de réparation des serres et des instruments horticoles, ainsi qu'aux opérations relatives à la conservation, à l'emballage et à l'expédition des fruits, des légumes et des plantes. La culture des arbres fruitiers, celle des primeurs, celle des plantes de serre, la floriculture de plein air et la floriculture d'ornement, la culture potagère et le travail aux ateliers forment six sections par lesquelles les élèves passent successivement et par roulement. Ils sont dirigés par des chefs de pratique.

Les élèves qui ont obtenu le certificat d'études primaires ou le certificat d'instruction d'une école pratique d'agriculture ou d'une ferme-école sont dispensés de l'examen d'admission qui porte sur les connaissances faisant partie des études primaires.

Cours professés : Architecture des jardins et des serres. Culture potagère de plein air et de primeurs. Cultures coloniales. Floriculture de plein air et de serre. Zoologie et entomologie horticoles. Arboriculture d'ornement et multiplication des végétaux. Plans et nivellement. Comptabilité. Dessin. Horticulture industrielle et commerciale. Botanique. Arboriculture fruitière de plein air et de primeur ; pomologie. Physique ; météorologie ; chimie ; géologie et minéralogie.

Les futurs praticiens qui suivent ces cours deviennent, avec un peu de travail, d'habiles horticulteurs. Les élèves diplômés trouvent, à leur sortie de l'école, des situations convenablement rétribuées chez des particuliers, dans les jardins publics ou dans les jardins botaniques ; d'autres s'établissent pour leur propre compte comme horticulteurs pépiniéristes ou même architectes paysagistes ; un certain nombre sont devenus chefs de culture au Muséum d'histoire naturelle et chefs de pratique horticole dans les écoles d'agriculture.

Sur les 1 032 candidats que l'école avait reçus depuis sa fondation jusqu'en 1898, 988 étaient français et 44 étrangers. Les départements de la Seine et de Seine-et-Oise fournissent le plus fort contingent.

La durée des études est de trois années. Les élèves qui ont satisfait aux examens de sortie reçoivent un diplôme délivré par le ministre de l'Agriculture. Les élèves sortis parmi les premiers peuvent obtenir, si leurs aptitudes justifient cette faveur, un stage d'une année dans les grands établissements horticoles de la France ou de l'étranger. Une allocation de 1 200 francs est affectée à chacun de ces stages.

École nationale des industries agricoles de Douai.

L'*École nationale des industries agricoles*, créée à Douai par arrêté ministériel du 20 mars 1893, est installée dans les locaux laissés libres par le transfert à Lille des Facultés de droit et des lettres. L'école de Douai est destinée à former, pour la conduite des sucreries, des distilleries, des brasseries et autres industries annexes de la ferme, des hommes capables de les diriger et des collaborateurs de tout ordre en état d'aider les chefs de ces

École nationale des industries agricoles de Douai. — Sucrerie.
Phot. Manteau.

diverses industries agricoles. Elle sert en outre d'école d'application aux élèves sortant de l'institut agronomique et des écoles nationales de l'État, ainsi qu'à des agents des contributions indirectes désignés par le ministre des Finances. Ces élèves prennent le titre d'élèves stagiaires.

L'école de Douai peut recevoir dans les laboratoires les personnes désireuses d'étudier une industrie agricole ou une question spéciale à ces industries. Des auditeurs libres sont admis à suivre un ou plusieurs cours; mais nul ne peut être admis à l'école, à quelque titre que ce soit, s'il n'est Français ou naturalisé Français. La durée des études est de deux ans; elle peut, toutefois, être réduite à un an pour les élèves stagiaires.

Le régime de l'école est l'externat; les examens d'admission ont lieu au siège de l'école. Le prix de la rétribution scolaire pour les élèves stagiaires est fixé à 500 francs par année d'études. Indépendamment de la rétribution scolaire, les élèves sont tenus de verser, à leur entrée, une somme de 50 francs pour participation aux frais de manipulation et de casse. Les auditeurs libres payent un droit de 150 francs par cours suivi et par année scolaire. S'ils prennent part aux exercices pratiques et aux manipulations, ils versent en outre une somme de 50 francs.

Les élèves réguliers et les élèves stagiaires qui, à la suite des examens de sortie, en ont été jugés dignes, reçoivent, d'après leur rang de classement, soit un diplôme, soit un certificat d'études.

Les élèves qui ont subi avec succès les épreuves de l'examen d'admission et dont les familles ont justifié de l'insuffisance de leurs ressources peuvent être exonérés de la rétribution scolaire. Chaque année, deux bourses d'entretien fixées à 1 000 francs et deux bourses de 500 francs peuvent être accordées aux élèves qui justifieront de l'impossibilité de s'entretenir à leurs frais et qui se trouveront dans le premier quart de la liste des élèves dressée par ordre de mérite.

École nationale d'industrie laitière de Mamirolle.

L'*École nationale d'industrie laitière*, fondée en 1888, est située à Mamirolle près de Besançon, sur un plateau du Jura; elle se trouve dans l'une des régions les plus laitières de la Comté. L'école comprend de vastes bâtiments aménagés pour faire subir au lait les transformations dont il est susceptible. L'école appartient à l'État; mais l'exploitation laitière est au compte du directeur.

L'établissement a pour but de former : 1° des ouvriers habiles pour les fruitières et les laiteries; 2° des chefs d'industrie pourvus de sérieuses connaissances techniques.

A l'établissement incombe aussi la mission de fournir les renseignements dont les intéressés peuvent avoir besoin (plans, aménagement de chalets et de laiteries). L'école de Mamirolle fonctionne encore comme station expérimentale en contrôlant scientifiquement les méthodes de travail, les appareils nouveaux, de façon à dégager sûrement les lois de la fabrication et à faire progresser les diverses industries du lait.

Les manipulations comprennent la stérilisation du lait, la conduite de la machine à vapeur, des écrémeuses centrifuges, l'acidification de la crème, la préparation du beurre, la fabrication de divers fromages : gruyère, emmenthal, port-salut, camembert.

Le régime de l'école est l'externat. La durée du séjour à l'école est d'un an.

L'enseignement théorique comprend les *cours suivants :* Industrie laitière. Chimie, technologie. Organisation économique. Zootechnie. Comptabilité. Cours d'enseignement primaire complémentaire, avec leçons sur les éléments de physique, chimie, mécanique, microbiologie, botanique.

De 1888 à 1900, l'école de Mamirolle a reçu 142 élèves réguliers, provenant de 30 départements; 6 élèves étrangers ont été aussi admis. Outre les élèves réguliers, l'établissement reçoit des stagiaires. Nombre d'industriels laitiers, d'agriculteurs, d'élèves des écoles nationales d'agriculture, ont séjourné à Mamirolle, où leur admission est seulement subordonnée au nombre de places disponibles.

Des cours spéciaux, réservés aux fromagers praticiens du département, ont été organisés, chaque hiver, depuis 1896.

III. — ÉCOLES PRATIQUES D'AGRICULTURE.

La loi du 30 juillet 1875 créa les écoles pratiques, qui viennent se placer entre les écoles nationales et les fermes-écoles; elles participent des unes et des autres, en faisant une part égale à la théorie et à la pratique. L'enseignement technique se donne dans la matinée, l'enseignement pratique dans l'après-midi. Cette combinaison permet d'éviter aux élèves le surmenage. Ces écoles sont bien nommées, car, indépendamment de leur caractère pratique, elles ont l'avantage de prendre les fils de cultivateurs au bon moment, à la sortie de l'école primaire, et de les rendre à leur famille après quelques années de scolarité pourvus de connaissances théoriques suffisantes pour l'exercice de leur métier.

Tandis que l'institut agronomique et les écoles nationales d'agriculture sont des établissements de l'État, gérés et administrés au compte du gouvernement, les écoles pratiques appartiennent aux départements ou à de simples particuliers et sont administrées par ceux-ci à leurs risques et périls. L'État ne s'occupe que de l'enseignement agricole : il paye les frais du personnel enseignant et veille à ce que les cultures de l'exploitation soient bien conduites, sans s'immiscer dans la gestion du domaine.

Le prix de la pension varie de 450 à 600 francs. La durée des études est de deux ou trois ans. Les élèves subissent un examen d'admission sur les connaissances qui font partie du programme des écoles primaires. Les départements et l'État entretiennent un certain nombre de boursiers dans les écoles pratiques, de façon à permettre aux petits cultivateurs d'y envoyer leurs enfants, quand ceux-ci montrent de bonnes dispositions pour l'étude.

Un certificat d'instruction ou diplôme est délivré, après examen, à la sortie. Outre cette légitime sanction accordée aux études, il est décerné des médailles aux élèves qui se sont le plus distingués; dans quelques écoles, des primes en argent sont attribuées, chaque année, aux trois premiers élèves sortants.

Les écoles pratiques ne sont pas soumises à un règlement uniforme; leur organisation varie avec les localités et en raison des conditions particulières à la région. L'école se fait à elle-même, dans chaque localité, son horaire, son programme, ses méthodes d'enseignement, ses moyens d'action, et les accommode à l'ambiance. Toutes les écoles pratiques ont ainsi un enseignement essentiellement approprié au milieu dans lequel elles se trouvent. Dans la région du blé, l'école pratique porte son enseignement sur la culture des céréales; dans les districts herbagers et laitiers, l'école s'occupe surtout de l'élevage du bétail, de la production du lait, de la fabrication du beurre, du fromage; dans les pays vignobles, l'enseignement de la viticulture est plus développé.

Des excursions faites régulièrement dans les fermes les mieux tenues du département, des visites de concours permettent de compléter l'enseignement en mettant sous les yeux des élèves les solutions diverses que comporte le problème agricole suivant les milieux différents où l'on se trouve placé : climats, sols, débouchés, etc. Ces excursions sont un excellent moyen d'enseignement pratique; car, en comparant les unes aux autres les fermes qu'ils étudient ainsi, les élèves peuvent se rendre compte des avantages que présentent les assolements divers, les plantes agricoles variées et les différentes spéculations sur le bétail qu'ils rencontrent. De l'ensemble de leurs observations, ils pourront, quand ils seront à la tête d'une ferme, tirer tous les éléments nécessaires pour les guider, sans hésitation ou danger de revers, dans les choix du système de culture et de l'assolement qu'ils devront adopter.

Autrefois, le certificat d'instruction, délivré à la sortie, donnait droit au bénéfice du volontariat d'un an; le recrutement des écoles se faisait alors facilement, car les élèves diplômés bénéficiaient de l'avantage de ne faire qu'une année de service militaire. Mais cet avantage leur a été retiré avec la loi militaire de 1889, malgré les réclamations des conseils généraux et des agriculteurs. Dans la plupart des écoles pratiques, contrairement à ce qui se passe dans les écoles professionnelles, les jeunes gens reçoivent une certaine instruction militaire; on leur apprend le maniement du fusil et l'école du soldat.

Les jeunes gens qui sortent des écoles pratiques sont d'excellents soldats. Les sports athlétiques des lycées, les jeux scolaires, la gymnastique suédoise ne donnent pas l'endurance physique, la résistance du travailleur des champs, endurci par l'effort lent et continu.

En 1889, on ne comptait que 27 écoles pratiques ou similaires. Toutes les régions de la France en sont à peu près pourvues à présent, et certains départements en possèdent deux : la Côte-d'Or, la Creuse, le Finistère, l'Ille-et-Vilaine, la Manche.

Les écoles pratiques d'agriculture ont formé de bons praticiens; tout ce que l'on peut souhaiter, c'est que le recrutement des élèves devienne plus facile. Trop de cultivateurs, encore imbus d'une sorte de défiance à l'égard d'un enseignement qui n'est plus simplement empirique, n'admettent pas que leurs méthodes de culture soient perfectibles et qu'on puisse apprendre à leurs enfants des choses qu'ils ignorent eux-mêmes. Ils s'imaginent qu'on en sait toujours assez pour travailler la terre. L'incertitude des résultats de l'enseignement et le prix de la pension en font hésiter d'autres. Les bénéfices réalisés dans la petite culture sont aléatoires, et le père de famille est souvent forcé de négliger les études de ses enfants pour les mettre en état de gagner leur vie au plus tôt.

Liste des écoles pratiques d'agriculture existant au 1er janvier 1903.

DÉPARTEMENTS.	NOM DES ÉCOLES.	OBJET.	NOMBRE D'ANNÉES d'études.
Algérie	Rouïba	Agriculture	3
	Philippeville	Agriculture et vitic.	3
Aisne	Crézancy	Agriculture	2
Allier	Gennetines	—	2
Alpes (Basses)	Oraison	Agriculture et hortic.	2
Alpes-Maritimes	Antibes	—	2
Ardennes	Rethel	—	2 1/2
Bouch.-du-Rhône	Valabre	Agriculture et vitic.	3
Charente	L'Oisellerie	Agriculture	3
Corse	Ajaccio	—	3
Côte-d'Or	Beaune	Agriculture et vitic.	3
	Châtillon-sur-Seine	Agriculture	2
Creuse	Genouillat	—	2
	Crocq (Les Granges)	—	2
Eure	Le Neubourg	—	3
Finistère	Lézardeau	Agriculture et irrigat.	2
Garonne (Haute)	Ondes	Agriculture	2
Gironde	La Réole	—	2
Ille-et-Vilaine	Les Trois Croix	—	2
Indre	Clion	—	3
Landes	Saint-Sever	—	2
Loiret	Le Chesnoy	—	2
Loire-Inférieure	Grand-Jouan	—	2
Lot-et-Garonne	Saint-Pau	—	3
Manche	Coigny	Agriculture et laiterie	2
Marne (Haute)	Saint-Bon	Agriculture	2
Mayenne	Beauchêne	—	2
Meurthe-et-Mos.	Mathieu-de-Dombasle	—	2
Morbihan	Kersabiec	—	2
Nièvre	Corbigny	—	2
Nord	Wagnonville	—	2 1/2
Pas-de-Calais	Berthonval	—	3
Pyrénées (Htes)	Villembits	—	2
Rhône	Écully	Agriculture et vitic.	3
Saône (Haute)	Saint-Rémy	Agriculture	2 1/2
Saône-et-Loire	Fontaines	—	2
Somme	Le Paraclet	—	3
Var	Hyères	Horticulture	3
Vaucluse	Avignon	Agriculture et irrigat.	3
Vendée	Pétré	Agriculture et laiterie	2
Vosges	Saulxures	—	2
Yonne	La Brosse	Agriculture	2

École pratique d'agriculture des Trois-Croix (Ille-et-Vilaine). — Vue d'ensemble. — Phot. Le Michel.

École pratique d'agriculture des Trois-Croix. — Le laboratoire. — Phot. Le Michel.

A cette liste on peut ajouter les écoles suivantes subventionnées par l'État :

École de laiterie et de fromagerie de Poligny (Jura). L'établissement date de 1892 ; il est installé dans d'excellentes conditions, sur le même type que l'école d'industrie laitière de Mamirolle.

L'école de Poligny est destinée à former des fromagers, des contremaîtres et des entrepreneurs de laiterie capables d'appli-

École pratique d'agriculture de Grand-Jouan (Loire-Inférieure). — Vue générale.

quer et de divulguer les connaissances scientifiques et les procédés rationnels sur lesquels doivent reposer les industries du lait. Un laboratoire de recherches laitières et d'analyses agricoles y est annexé, dans le but de déterminer les fraudes et les altérations du lait fourni aux fromageries ou aux laiteries et d'indiquer les perfectionnements à apporter aux méthodes de fabrication en usage.

Les candidats doivent avoir dix-huit ans au moins dans l'année où ils se présentent. Le régime de l'école est l'externat. L'enseignement est gratuit et la durée des études est fixée à un an. Les élèves ayant six mois de pratique servent de moniteurs aux autres. A la fin de l'année, les élèves qui ont satisfait aux examens reçoivent un diplôme.

École professionnelle d'agriculture de Sartilly (Manche). Cette école, fondée en 1887 par l'instituteur de Sartilly, a pour objet de compléter l'instruction des fils de cultivateurs du pays par l'enseignement de l'agriculture, de l'industrie laitière, de l'arboriculture, de l'hygiène du bétail. L'école professionnelle d'agriculture de Sartilly a servi de modèle pour la fondation de plusieurs établissements similaires en Russie par le ministre de l'Agriculture et des domaines.

École d'aviculture de Gambais (Seine-et-Oise). Cet établissement, situé entre Tacoignères et Houdan, est destiné à donner aux jeunes gens et aux jeunes filles, qui se destinent à diriger une ferme, un complément d'études en ce qui touche la basse-cour et la production des gallinacés, de façon à leur permettre de diriger un établissement d'aviculture, faisant éclore, élevant et engraissant la volaille par des procédés naturels et artificiels. L'école de Gambais reçoit alternativement des élèves des deux sexes. Les candidats, français ou étrangers, doivent être âgés de quinze ans au moins et avoir reçu une instruction équivalente au certificat d'études primaires.

On doit encore assimiler aux écoles pratiques les écoles ménagères agricoles et de laiterie pour les jeunes filles.

Les Écoles agricoles ménagères et de laiterie pour les jeunes filles de Coëtlogon (Ille-et-Vilaine) **et de Kerliver** (Finistère), sont subventionnées par l'État et par les départements d'Ille-et-Vilaine et du Finistère. Placées au centre d'une petite métairie, avec prés, vergers, jardin potager, vacherie, elles sont destinées à donner une bonne instruction professionnelle aux filles de cultivateurs, propriétaires et fermiers, en les habituant à la pratique raisonnée des manipulations du lait, de la fabrication du beurre et du fromage, des soins à donner aux vaches laitières et à la basse-cour.

L'enseignement théorique comprend les matières suivantes :

Technologie du lait; utilisation des produits de la laiterie pour la fabrication du beurre et du fromage. — Étude de la vache laitière : caractères, soins, alimentation; élevage et engraissement des veaux et des porcs; soins de la basse-cour, du rucher. — Étude de la culture maraîchère et de l'arboriculture fruitière. — Hygiène; ménage; comptabilité de la ferme et spécialement de l'exploitation laitière.

L'enseignement pratique comprend : la fabrication du beurre et du fromage, quelques travaux de jardinage et la tenue du ménage, en particulier les travaux de couture, de cuisine, de blanchissage.

Le temps des élèves est partagé de façon que la moitié de la

École agricole ménagère et de laiterie de Coëtlogon, près Rennes. — Vue générale.

journée soit consacrée aux leçons, et l'autre moitié aux travaux pratiques de l'exploitation.

Les jeunes filles sont admises à partir de quatorze ans ; le degré d'instruction exigé est celui du certificat d'études. Les jeunes filles séjournent une année à l'école. Il est venu à Coëtlogon des élèves de toutes les parties de la France et de l'étranger : de Belgique, d'Angleterre, de Russie, de Roumanie, d'Allemagne, de Norvège, d'Amérique. Les élèves étrangères sont retournées dans leur pays où la plupart dirigent des écoles de laiterie ou des écoles ménagères, principalement en Belgique.

Familiarisées de bonne heure avec les travaux de la ferme et de la maison, les jeunes filles sont maintenues dans la simplicité et dans l'esprit de l'éducation familiale. A Kerliver, le régime ordinaire des populations de la basse Bretagne a été maintenu, dans le but de ne pas donner aux jeunes filles des habitudes de bien-être. Le pain bis de froment, mélangé d'une petite quantité de seigle ou de sarrasin, la bouillie de farine de sarrasin ou d'avoine et le beurre constituent la base de la nourriture des élèves. Rien n'est changé dans l'alimentation qu'elles avaient coutume de recevoir chez leurs parents; il n'y a que la propreté en plus! L'expérience a montré que cette manière de voir présentait des avantages : les petites Bretonnes n'en souffrent pas, loin de là, et, quand elles retournent chez leurs parents, elles sont recherchées en mariage, d'après M. Randoing, inspecteur général de l'agriculture.

Une troisième **école ménagère et de laiterie** a été créée en 1902 dans la Haute-Loire, au **Monastier.**

Réformes à introduire dans le fonctionnement des écoles d'agriculture et dans leurs programmes d'enseignement (1).

Les départements et l'État entretiennent dans les écoles pratiques d'agriculture un certain nombre de boursiers, de façon à permettre aux petits cultivateurs d'y envoyer leurs enfants quand ceux-ci montrent de bonnes dispositions pour leurs études. L'État a eu raison d'ouvrir à la démocratie rurale l'accès des écoles professionnelles agricoles : une grande nation doit mettre au premier rang de ses préoccupations l'éducation de la jeunesse laborieuse, et un enfant ne doit pas être exclu des écoles d'agriculture

---

(1) Rapport de M. Dabat, sous-directeur au ministère de l'Agriculture, sur l'enseignement agricole à l'exposition internationale de 1900, classe V.

École de Coëtlogon. — Anciens bâtiments.

École de Coëtlogon. — Groupe d'élèves.

École agricole ménagère et de laiterie de Coëtlogon. — Salle de la fromagerie.

pour cause de pauvreté. Le prix de la pension, les frais d'entretien d'un élève sont souvent trop élevés pour un petit cultivateur, déjà obligé de renoncer aux services que peut rendre un enfant de quatorze à seize ans. Mais les fils d'employés, de petits fonctionnaires, trop souvent admis comme boursiers, ne constituent pas toujours de bonnes recrues pour l'agriculture.

La tendance actuelle de l'administration de l'agriculture est d'alléger les programmes, de donner la prédominance à la pratique sur la théorie et de spécialiser l'enseignement de chaque école : dans certaines écoles pratiques, les cours avaient une tendance à se rapprocher de ceux professés dans les écoles nationales d'agriculture. On se préoccupe aussi de perfectionner les méthodes d'enseignement au point de vue pédagogique, au point de vue de la préparation des professeurs à leur rôle d'éducateurs.

A l'école primaire, d'où viennent la plupart des jeunes gens, l'enseignement est essentiellement intuitif; on procède du connu à l'inconnu, du concret à l'abstrait, du facile au difficile. Il en doit être de même à l'école pratique, si l'on veut que l'enseignement soit toujours à la portée de l'intelligence des enfants et qu'il produise sur leur esprit une impression durable. Le rôle du professeur ne consiste pas à dicter un cours aux élèves, à leur faire apprendre et réciter des formules, mais à professer d'une manière expérimentale, à démontrer par la pratique ce qu'il vient de dire et à s'assurer par de fréquentes interrogations que les élèves ont bien compris la question ou la leçon. L'enseignement doit donc être une série de leçons de choses ; il faut qu'il soit illustré, rendu vivant, en quelque sorte, par la présentation aux élèves des objets. Si la leçon porte, par exemple, sur la culture d'une plante, le professeur présentera à ses élèves un échantillon de la plante entière, des semences des variétés les plus recommandables, les instruments ou dessins d'instruments et de machines employés dans cette culture.

Le professeur ne doit pas seulement faire la part de la mémoire, mais aussi, et surtout, celle de l'observation. La mission éducative du professeur d'agriculture réclame une certaine expérience professionnelle et des aptitudes spéciales. On ne s'improvise pas professeur, et la pédagogie n'est autre chose que la science éducative de la jeunesse. Les instituteurs apprennent leur métier dans les écoles normales primaires, tandis que les jeunes professeurs d'agriculture passent sans transition, à leur sortie de l'Institut agronomique ou de Grignon, du rang d'élèves à celui de maîtres. Un peu désorientés, au début, dans leur

École de Kerliver. — Groupe d'élèves.

chaire, ils éprouvent une difficulté réelle à proportionner et à adapter leur cours à la compréhension des élèves. Leur côté faible est incontestablement le côté pédagogique. A défaut d'une école normale agricole ou d'un institut pédagogique pour les élèves-maîtres, l'administration pourrait leur faire accomplir un stage préparatoire de quelques mois, complété par des conférences. Les inspecteurs de l'agriculture indiqueraient les directions pédagogiques à suivre et pourraient élaborer un programme plus précis, plus serré que le programme actuel, à l'usage des professeurs d'agriculture qui ne possèdent actuellement qu'un sommaire insuffisant.

Le congrès international de l'agriculture en 1900, a exprimé le vœu que l'enseignement des industries annexes de la ferme, de la technologie, soit développé dans les écoles pratiques actuelles où l'on pourrait étudier notamment la brasserie, la cidrerie, la distillerie, la fabrication des conserves alimentaires et, suivant la région, d'autres industries : œnologie, huilerie, laiterie, sucrerie, féculerie, amidonnerie, etc.

La transformation des produits agricoles permet à l'industrie de réaliser des bénéfices qui échappent à l'agriculture. Il n'est même pas de résidu, pas de déchet que l'industrie ne s'ingénie à utiliser. L'agriculture produit à peu près en entier la matière première, tout ce que consomme et transforme l'industrie : la laine, le chanvre, le lin, la soie, le cuir, le bois, le blé, la viande, l'huile, le sucre, l'alcool, etc. A l'étranger, en présence de la diminution du prix des produits agricoles, on s'est préoccupé de multiplier les écoles spéciales de technologie et d'étudier tous les nouveaux procédés de transformation des produits agricoles. En Russie, dans certaines écoles d'agriculture, dans les écoles professionnelles de Tchigeoff, les élèves travaillent dans des usines modèles annexées à l'école : usines pour la préparation du lin, tannerie, huilerie, féculerie, minoterie, etc. Les élèves de troisième année choisissent, pour les exercices pratiques dans les usines, la partie dans laquelle ils désirent se spécialiser. C'est une excellente méthode qui rend plus utilitaire leur dernière année d'études.

A cet enseignement technologique, on pourrait joindre l'enseignement pratique commercial qui en est le complément.

Les plans d'études et les programmes ne doivent pas paralyser l'initiative des directeurs des écoles, immobiliser l'enseignement, quand il y aurait lieu, au contraire, de lui donner une orientation nouvelle. Dans un certain nombre d'écoles, à Rethel, Wagnonville, Gennetines, les élèves s'exercent à de menus travaux de menuiserie, de forge et d'ajustage, qui les habituent au maniement des outils et qui développent chez eux la justesse du coup d'œil et la dextérité de la main dans le travail des bois et des métaux. Le travail manuel vient en aide au développement de la volonté en habituant l'élève à la patience et en tenant son énergie en haleine par le plaisir qu'il éprouve à faire œuvre de ses mains. L'enfant veut arriver au bout de son travail ; dans son esprit, il le voit déjà achevé, et il cherche à faire mieux. L'esprit lent à comprendre, qui progresse difficilement dans l'enseignement théorique, arrive souvent, dans la leçon des travaux manuels, à dépasser ses camarades. Cette partie de l'enseignement, en raison de son caractère utilitaire, est favorablement accueillie par les parents des élèves qui pensent, suivant le proverbe populaire, que « métier passe rente ». Pendant l'hiver, il y aurait lieu de généraliser cet enseignement dans la plupart des écoles pratiques.

Cet enseignement pourrait être complété ou remplacé en partie par celui d'une de ces petites industries qui subsistent encore dans les campagnes et qui permettent aux cultivateurs de réaliser, pendant le mauvais temps, un supplément appréciable de bénéfices. Les travaux qui réclament une certaine dextérité, le goût ou l'intelligence de l'ouvrier, ont mieux résisté à la concurrence des machines. Quelques métiers peuvent encore s'exercer en famille ou dans des ateliers peu nombreux. La facilité d'obtenir la force motrice à bon marché peut amener une sorte de décentralisation de l'industrie avec l'usage des petits moteurs, des transmissions électriques.

IV. — ÉTABLISSEMENTS DE PRATIQUE PURE ET D'APPLICATION

Fermes-écoles.

Les *fermes-écoles*, organisées par le décret-loi de l'Assemblée nationale de 1848 et par la loi du 30 juillet 1875, sont des établissements d'apprentissage agricole. Le nombre des fermes-écoles n'a fait que décroître depuis 1848 ; elles ont été remplacées par des écoles pratiques d'agriculture qui paraissent mieux répondre aux besoins actuels de l'agriculture. M. Tisserand, ancien directeur de l'agriculture, expliquait cette diminution par l'augmentation considérable des bonnes fermes propres à l'apprentissage des jeunes gens et par l'obligation de se conformer aux vœux formulés par les rapporteurs du budget de l'agriculture de voir diminuer le nombre de ces établissements.

Le système bien différent des fermes-modèles temporaires, en usage en Bosnie-Herzégovine, pourrait donner, peut-être, de meilleurs résultats. Dans ce petit pays, l'administration met, pendant une certaine période de temps, à la disposition des propriétaires ruraux tout ce qui est nécessaire à améliorer l'exploitation d'un domaine ; la propriété mise en valeur, les employés des améliorations agricoles se transportent dans une autre exploitation.

Les fermes-écoles qui subsistent en France ont élevé le niveau de leur enseignement. Il en est, comme la ferme de Nolhac, qui égalent les meilleures écoles pratiques d'agriculture, sans viser toutefois à faire des apprentis des petits savants. Pour labourer, semer, moissonner, il n'est pas nécessaire de posséder des connaissances approfondies en physique, chimie, botanique, zoologie... Cette encyclopédie d'école ne vaut que par les notions pratiques qu'un cultivateur peut utiliser.

Les fermes-écoles ont pour but de former d'habiles cultivateurs praticiens, capables : 1° d'exploiter avec intelligence leur propriété ; 2° de cultiver la propriété d'autrui comme fermiers, métayers, régisseurs ; 3° de devenir de bons aides ruraux, commis de ferme, contremaîtres, chefs de main-d'œuvre.

Les apprentis exécutent tous les travaux de la ferme, recevant parfois, en même temps qu'un enseignement professionnel essentiellement pratique, une rémunération de leur travail par une prime de sortie qui, en aucun cas, ne peut excéder 300 francs. Les apprentis ne sont pas astreints à des travaux que leur âge ne comporte pas.

Un complément d'instruction primaire est donné aux élèves, ainsi que des notions sur l'arpentage, le nivellement, le cubage.

Le nombre des apprentis est fixé par l'arrêté constitutif de la ferme-école, mais il ne peut descendre au-dessous de vingt-quatre. Pour être admis, les apprentis doivent être âgés de seize ans révolus. Le temps de séjour à la ferme est de deux ou trois années. Une allocation de 270 francs par apprenti est attribuée au directeur de l'établissement. Cette allocation et les primes des apprentis sont acquittés par l'État. Le personnel enseignant est également payé par l'État.

La loi de finances de 1896 a réduit à 20 000 francs le montant total des primes de sortie à répartir entre les apprentis des fermes-écoles. L'ancien crédit s'élevait à 60 000 francs. L'arrêté du 4 février 1896 a fixé les règles d'attribution des primes aux élèves diplômés.

Situation du personnel et nombre des apprentis au 31 octobre 1902.

DÉPARTEMENTS.	FERMES-ÉCOLES.	PERSONNEL.	NOMBRE des apprentis.	SURNU- MÉRAIRES.
Ariège	Royat	7	42	4
Aude	Le Bosc	7	26	»
Charente-Inférieure.	Puilboreau	6	11	»
Cher	Laumoy	6	36	»
Corrèze	Les Plaines	7	32	2
Garonne (Haute-). .	Pailhac-les-Nauzes.	7	27	»
Gers	La Hourre	6	46	»
Loire (Haute-). . .	Nolhac	6	37	3
Lozère	Chazelrollettes . . .	7	22	»
Orne	Saut-Gautier	7	20	»
Vienne	Montlouis	7	28	»
Vienne (Haute-). . .	Chavaignac	6	32	2
		80	359*	11
			370	

Fruitières-écoles.

Comme l'indique leur nom, ces établissements sont à la fois des fruitières et des écoles, autrement dit des fromageries subventionnées par l'État pour y recevoir des élèves. La subvention comprend le traitement du personnel enseignant et le prix des bourses. Les candidats, âgés de plus de dix-sept ans, sont admis après un examen élémentaire. L'enseignement, qui dure un an, est gratuit.

L'enseignement primaire est donné par l'instituteur de la commune, siège de la fruitière-école. L'enseignement technique est confié au chef fromager, et comporte l'industrie laitière, la chimie laitière et la zootechnie. L'enseignement pratique comprend l'exécution de tous les travaux de la fruitière : fabrication du fromage et du beurre, soins de la porcherie, du rucher modèle, etc. Les fruitières-écoles sont réparties dans la Comté, la Savoie et la Haute-Savoie.

La taille des arbres fruitiers à la ferme-école de Nolhac (Haute-Loire).

Magnanerie-école.

Pour compléter ce qui a trait à l'apprentissage agricole, mentionnons encore la *magnanerie-école d'Aubenas*, dans l'Ardèche. Ce n'est pas une école de sériciculture, mais une simple magnanerie modèle où le directeur donne aux éducateurs de vers à soie des conseils et des renseignements sur l'éducation et le grainage.

V. — PROFESSEURS D'AGRICULTURE

Professeurs départementaux.

La loi du 16 juin 1879 a institué les professeurs départementaux d'agriculture à raison d'un par département. Depuis cette loi, leurs attributions ont été considérablement augmentées, et l'enseignement à l'École normale, prévu par elle, n'est plus qu'une partie accessoire en quelque sorte de la tâche des professeurs départementaux.

Voici l'énumération générale des différents services qu'ils sont chargés d'assurer :

1° Cours régulier de 40 leçons de 1 h. 1/2 et de 23 applications à l'école normale primaire ;

2° Conférences aux agriculteurs (26 au minimum par an);

3° Direction et organisation des champs d'expériences et de démonstrations agricoles et viticoles ;

4° Contrôle et surveillance des professeurs spéciaux d'agriculture ;

5° Consultations verbales et écrites pour les agriculteurs ;

6° Renseignements et informations agricoles (enquêtes, statistiques pour l'évaluation des cultures, contrôle des renseignements agricoles centralisés par les préfets, enquêtes spéciales nécessitées par les orages, la grêle, la gelée, la sécheresse, etc.) ;

7° Surveillance de l'enseignement agricole primaire (attribution des prix spéciaux pour l'enseignement agricole et horticole);

8° Examens divers : brevet de capacité, certificat d'aptitude à l'enseignement agricole dans les écoles primaires supérieures ; épreuves écrites pour l'admission aux écoles nationales d'agriculture ;

9° Vérifications relatives aux indemnités à accorder aux agriculteurs (dégrèvement de vignes phylloxérées, primes pour la culture du lin, etc.);

10° Organisation des concours locaux et spéciaux d'agriculture, classement des produits envoyés aux concours généraux ;

11° Création et organisation de toutes les œuvres de mutualité : syndicats agricoles, sociétés d'assurances mutuelles contre la mortalité du bétail, caisses de crédit agricole ;

12° Participation active au fonctionnement de différents services comme celui du phylloxera...

En somme, et comme le spécifie nettement la circulaire ministérielle du 4 février 1899, le professeur départemental d'agriculture est devenu le chef du service agricole du département où il représente l'administration de l'agriculture, et il assume toutes les obligations que peut comporter cette situation.

Le professeur d'agriculture ne doit jamais perdre de vue l'exemple donné par Boussingault. Avec son sens droit des choses, Boussingault savait combien les notions théoriques les mieux établies rencontrent dans l'application de facteurs contraires et il préférait avouer l'impuissance des données scientifiques à changer subitement les conditions de la production agricole qu'encourager des innovations hâtives : Boussingault estimait que le temps ferait son œuvre et que les conquêtes laborieuses de la science entreraient dans le domaine de l'agriculture, non par à-coups, mais par des essais sagement conduits et par une adaptation graduelle. Il avait plus de confiance dans une amélioration lente et continue que dans des modifications brusques ; il voulait, en un mot, perfectionner l'exploitation du sol, mais non la révolutionner.

Le professeur départemental d'agriculture doit aussi diversifier, animer ses conférences aux agriculteurs en présentant les questions sous des formes attrayantes. Cela nécessite une tournure spéciale d'esprit, surtout pour inspirer confiance aux cultivateurs qui sont de minutieux observateurs. A la simple inspection d'une pièce de terre, à la couleur de la terre, à la manière dont elle s'écrase, aux pierres qu'on y trouve, à l'eau qui séjourne à certains endroits en hiver, à la récolte ou aux herbes qui s'y trouvent, le premier cultivateur venu apprécie la valeur d'un champ. Sur le terrain pratique, il n'est donc pas prudent de les contredire. Celui qui enseigne l'agriculture apprend, suivant l'expression de Leibniz, à « découvrir sous la paille des mots le grain des choses ».

Malgré les difficultés de leur tâche, les professeurs départementaux d'agriculture ont sû faire apprécier leurs services. Leur action a permis d'organiser sur tout le territoire ces collectivités de cultivateurs groupés par l'union d'intérêts communs.

Dans chaque département, le professeur d'agriculture organise avec le concours des conseils généraux et des municipalités des champs d'expériences et de démonstration destinés à montrer aux agriculteurs les améliorations dont leurs cultures sont susceptibles. L'homme à préjugés qui veut qu'on lui réponde dans le sens où son idée est tournée vire quelquefois avec l'opinion commune lorsqu'on peut invoquer à l'appui de ce qu'on avance l'argument suivant : un tel partage cette opinion ; tout le monde est de cet avis.

Au début, cela ne marcha pas tout seul. On disait : Quel rapport peut-il y avoir entre une parcelle, un carré de 30 ou 50 ares et la superficie d'une ferme ? Quelle comparaison peut-on établir entre une culture faite, pour ainsi dire, à la main, dans une terre choisie avec des graines sélectionnées, et les ensemencements exécutés sur une vaste étendue par les moyens habituels?... Si le système des fermes d'expériences pratiqué en Bosnie-Herzégovine paraît préférable à celui des champs de démonstration, la méthode française a néanmoins rendu des services indiscutables dans certains départements.

Depuis la création, en 1901, de l'Office de renseignements du ministère de l'Agriculture, l'importance du rôle du professeur départemental s'est encore accrue : il est devenu le chef du service agricole du département où il représente l'administration de l'agriculture, et il assume toutes les obligations que peut comporter cette situation. En conférant aux professeurs départementaux d'agriculture les charges et prérogatives de chef du service agricole dans chaque département, l'administration s'est préoccupée d'améliorer leur situation matérielle en portant leur traitement, d'après les différentes classes, de 4 000 francs à 6 500 francs.

Professeurs spéciaux.

L'institution des chaires départementales ayant donné de bons résultats, on demanda la création de chaires semblables dans les arrondissements. La première création date de l'année 1887. Le service des chaires spéciales d'agriculture comprend des conférences aux agriculteurs et un cours régulier d'agriculture dans un établissement secondaire ou primaire supérieur. Le programme du cours dans les établissements universitaires est établi d'après des instructions arrêtées entre les départements de l'Instruction publique et de l'Agriculture.

Les professeurs spéciaux sont placés sous le contrôle et la

surveillance des professeurs départementaux, auxquels ils prêtent leur concours pour les divers services agricoles du département, en ce qui concerne leur circonscription. Ils sont leurs collaborateurs naturels ; leurs efforts doivent donc avoir le même objectif, car de l'entente commune dépend le succès de la mission qui leur est confiée.

Constamment en contact avec les populations rurales, les professeurs spéciaux d'agriculture doivent être leurs conseillers techniques. Des consultations les jours des marchés, des visites aux exploitations voisines leur permettent de donner aux cultivateurs des avis utiles. Au point de vue économique, les professeurs ont à favoriser la création des sociétés de crédit et d'assurances mutuelles agricoles. Inutile d'ajouter que les meilleurs théoriciens ne sont pas les meilleurs professeurs. Pour jouer un rôle vraiment utile, le professeur doit même se débarrasser d'une partie du bagage scientifique dont il était chargé à la sortie de l'école d'agriculture.

Le nombre de professeurs spéciaux ou chargés de cours dans les établissements d'enseignement secondaire et primaire s'est accru d'une manière rapide, passant de 13 en 1889 à 114 en 1894 et à 180 en 1902. Les départements et les communes participent pour une somme de 600 francs, en moyenne, à l'entretien de la chaire et se chargent de fournir un champ d'expériences. Malgré cet accroissement rapide du nombre des titulaires des chaires spéciales d'agriculture, beaucoup de villes demandent la nomination de nouveaux professeurs, et il est regrettable que la situation financière ne permette pas de leur donner satisfaction.

Cours d'agriculture en hiver, cours d'adultes. Conférences aux soldats.

De la sortie de l'école à l'entrée au régiment, la jeunesse reste à peu près sevrée de toute culture intellectuelle dans les campagnes. Les jeunes gens, même pourvus de leur certificat d'études, retombent promptement dans la paresse et l'incuriosité d'esprit. Et pourtant, dans la dure mêlée des intérêts, les difficultés de l'existence exigent un ensemble de connaissances dont l'assimilation est seulement possible à l'âge de l'adolescence, au moment où l'on éprouve le besoin d'apprendre. Afin que l'œuvre commencée à l'école ne soit pas perdue, quelques nations étrangères, l'Allemagne, la Hongrie, etc., ont organisé des *cours d'agriculture* d'hiver qui ont rendu des services appréciables.

Un certain nombre de professeurs spéciaux ont commencé, en France, à suivre cet exemple.

Les premiers essais d'enseignement agricole aux soldats par des conférences ayant donné de bons résultats, notamment au 93ᵉ régiment d'infanterie, le ministre de l'Agriculture a posé les premières bases de cet enseignement avec le concours du ministre de la Guerre.

VI. — STATIONS AGRONOMIQUES ET LABORATOIRES AGRICOLES

Les *stations agronomiques* ne sont pas, à proprement parler, des établissements d'enseignement agricole. Aussi, nous ne parlons de ces établissements qu'en raison de l'importance de leur rôle, et pour compléter notre étude des différents organes qui contribuent à généraliser les connaissances agronomiques.

Les stations entreprennent des études sur la physiologie végétale, sur la culture des plantes, sur les semences, sur l'outillage agricole, les engrais, etc. Établissements de recherches scientifiques, on n'y fait des analyses pour le public qu'à titre secondaire. C'est au contraire le rôle des laboratoires agricoles, où les analyses se font sur la demande du public, moyennant un tarif arrêté d'avance.

L'administration de l'agriculture s'est préoccupée de multiplier les centres d'études et de recherches agronomiques. Chaque année amène de nouvelles créations. Les stations et les laboratoires ont toujours un caractère de spécialité en rapport avec les besoins de l'agriculture locale.

L'ENSEIGNEMENT AGRICOLE DANS LES ÉTABLISSEMENTS UNIVERSITAIRES

Enseignement supérieur.

Facultés. — Des professeurs de chimie, auxquels l'agriculture est redevable de découvertes importantes, ont enseigné la chimie agricole dans plusieurs facultés des sciences : Malaguti puis Lechartier à Rennes, Isidore Pierre à Caen, M. Grandeau à Nancy, M. Gayon à Bordeaux, Planchon à Montpellier, Marion à Marseille. L'administration de l'agriculture a favorisé et encouragé les travaux de ces savants par tous les moyens en son pouvoir, et elle encourage encore les professeurs des facultés qui ont le même objectif. C'est là un enseignement scientifique, pur, spécial, s'attachant à une ou plusieurs branches essentielles de l'agriculture régionale. Des chaires de chimie agricole existent actuellement aux Facultés de Besançon, Bordeaux, Lille, Lyon, Nancy et Toulouse; à la Faculté des sciences de Marseille, on trouve deux chaires spéciales de zoologie agricole et de botanique agricole; Toulouse possède une chaire de botanique agricole, et Besançon un cours complémentaire de botanique; à la Faculté des sciences de Caen, une série de leçons est réservée aux sciences appliquées à l'agriculture.

Huit stations agronomiques sont annexées aux Facultés des sciences de Bordeaux, Caen, Dijon, Lille, Lyon, Nancy, Rennes et Toulouse.

Depuis que les universités jouissent de leur autonomie, certaines facultés ont voulu entrer dans une voie nouvelle et élargir leur programme d'enseignement. Formant chacune une sorte de petit État qui a ses revenus, son budget et son conseil, elles veulent jouer un rôle actif dans l'enseignement supérieur de l'agriculture.

Dans quelques Universités, Aix, Besançon, Dijon, Lyon, Rennes, l'enseignement agricole est donné. Des diplômes agricoles sont décernés à Lyon et à Nancy. M. René Worms a proposé de créer des cours d'économie rurale dans toutes les facultés de droit. Un institut agricole a été fondé en 1901 à l'Université de Nancy pour donner aux étudiants une instruction supérieure agricole. Cet enseignement conduit à un diplôme d'études supérieures agronomiques, à la licence ès sciences et à divers certificats d'études délivrés par l'État ou par l'université.

L'enseignement donné à Nancy comprend les deux parties suivantes :

1° Sciences appliquées à l'agriculture (botanique agricole, zoologie agricole et zootechnie; industries; chimie et géologie agricoles);

2° Enseignement complémentaire spécial, réparti en quatre sections : études forestières, études économiques, études physiques, agriculture pratique.

Pour pouvoir obtenir le grade de licencié ès sciences dès la fin de la deuxième année d'inscription, il faut : 1° justifier d'un baccalauréat français; 2° subir les examens des trois certificats d'études supérieures relatifs aux enseignements de botanique agricole, zoologie agricole et zootechnie; industries, chimie et géologie agricoles.

Pour obtenir le diplôme de licencié, il suffit d'avoir trois certificats, par exemple ceux de botanique agricole, de zoologie agricole et de géologie agricole. Ces certificats obtenus, on est licencié.

Nous n'avons pas à approuver ici, avec la Société des agriculteurs de France, ou à critiquer, avec l'administration de l'agriculture, l'orientation nouvelle donnée à l'enseignement supérieur dans les universités. Leur rôle pourrait se borner, comme l'indiquait M. Tisserand, à développer l'étude des sciences qui se rattachent à l'agriculture et à orienter les jeunes gens vers les études spéciales. Le caractère pratique de la science agronomique semble difficile à concilier avec l'enseignement doctrinal de l'université.

Enseignement secondaire.

Lycées et collèges. — L'enseignement agricole dans les établissements universitaires de l'ordre secondaire est donné par les professeurs d'agriculture. Depuis la création des professeurs spéciaux d'agriculture, un cours d'agriculture a été organisé dans un certain nombre de lycées, 15 en 1900, et dans 62 collèges. Le cours a une durée de deux ans. Le professeur traite, une année, de la production végétale, et l'année suivante, de la production animale, d'après un programme dont les applications varient suivant les régions. Les élèves admis au cours d'agriculture appartiennent, le plus souvent, aux classes de l'enseignement moderne. L'enseignement, pour être efficace, devra être complété par des remaniements des programmes actuels. Les cours de sciences naturelles (zoologie, botanique et géologie) devraient avoir une importance égale aux cours de mathématiques, de physique et de chimie; un cours spécial d'agriculture, coordonnant toutes les applications de l'enseignement scientifique, serait indispensable pour faire en quelque sorte la synthèse de l'enseignement. Dans chaque région, le programme des établissements universitaires, qui est actuellement le même du nord au sud et de l'est à l'ouest, devrait être adapté aux besoins locaux.

Enseignement primaire.

Écoles primaires rurales (Enseignement des notions élémentaires d'agriculture). — La question de l'enseignement des notions élémentaires de l'agriculture dans les écoles primaires rurales fut étudiée en 1860 par le Corps législatif. Une commission spéciale fut chargée de proposer les mesures nécessaires pour développer les connaissances agricoles et horticoles dans les écoles normales et les écoles communales. Lors de l'enquête agricole de 1866, le ministre de l'Instruction publique, Duruy, prit un arrêté autorisant les conseils départementaux à modifier les règlements des écoles primaires, et il adressa aux préfets une circulaire détaillée sur l'organisation de l'enseignement agricole dans les écoles primaires rurales. La guerre de 1870 paralysa ce premier essai d'organisation. La question ne fut reprise par le Parlement que lorsqu'on organisa les chaires départementales d'agriculture. La loi du 16 juin 1879 introduisit les notions élémentaires d'agriculture parmi les matières obligatoires de l'enseignement primaire et de l'enseignement donné aux élèves-maîtres dans les écoles normales.

Mais si les propagateurs de l'enseignement primaire agricole étaient d'accord sur la nature du but à poursuivre, des divergences se manifestaient aussitôt qu'on agitait les questions de méthode, ainsi que le faisait remarquer M. Réné Leblanc, inspecteur général de l'Instruction publique. En 1895, une commission mixte composée de délégués du ministère de l'Instruction publique et du ministère de l'Agriculture fut chargée de préparer un plan de cours, sommairement tracé sous la forme de guide pratique pour les instituteurs. Ce travail aboutit à la rédaction de l'*Instruction officielle du 4 janvier 1897* donnant les directions pédagogiques, l'emploi du temps et le programme de l'enseignement des notions élémentaires d'agriculture dans les écoles primaires : cours élémentaire, cours moyen et cours supérieur. Tout ce qu'on demande en résumé à l'instituteur, c'est de donner à ses élèves, dans la mesure que comporte leur âge, le goût et l'intelligence des choses agricoles.

Les simples leçons de choses données dans les classes enfantines se transforment progressivement en notions méthodiques sur les travaux agricoles et horticoles, en notions élémentaires de chimie, etc. Des promenades agricoles et quelques travaux dans le jardin de l'école ou dans un champ voisin servent de préparation et de complément pratique aux leçons faites en classe sur les principaux terrains du pays, sur les plantes utiles et nuisibles, sur les opérations les plus communes de la culture, sur la taille et le greffage de la vigne et des arbres fruitiers. La participation des élèves à l'enseignement est naturellement subordonnée à leur âge, et la difficulté réside dans le fait que l'instituteur a affaire à de jeunes enfants, à l'esprit encore flottant et indécis, incapables d'une application soutenue. Mais l'enfant, rebelle à l'enseignement dogmatique, suit avec curiosité la leçon de choses; il est frappé de ce qu'il voit, de ce qu'il touche, et il s'intéresse tout particulièrement à l'acte auquel on l'associe.

Écoles primaires supérieures. — Le caractère de l'enseignement dans les écoles primaires supérieures a été tracé, d'une façon magistrale, par M. Tisserand, alors directeur de l'agriculture, au sujet de l'organisation de cet enseignement à l'école primaire de Dourdan. L'organisation d'une section agricole dans les écoles primaires supérieures est encore une exception. A l'école d'Onzain (Loir-et-Cher) et à celle de Sidi-bel-Abbès (Algérie), les élèves exécutent cependant les travaux dits d'*intérieur* et d'*extérieur* de ferme prévus par le programme pour l'enseignement agricole. Ce sont à peu près les seules écoles qui se livrent à des études bien comprises d'arboriculture, d'horticulture et de viticulture.

Écoles normales. — La commission mixte qui rédigea l'instruction destinée aux instituteurs fut chargée de préparer une autre instruction à l'usage des professeurs de sciences et d'agriculture. Elle est en quelque sorte le résumé et la mise au point des instructions antérieures, dont elle précise l'interprétation et l'orientation pratique. Les professeurs doivent adapter leur enseignement aux circonstances, aux conditions économiques et aux besoins régionaux, en ne perdant pas de vue qu'ils ont à former des instituteurs destinés à devenir plus tard leurs plus actifs collaborateurs.

Enseignement ménager (*Enseignement agricole dans les écoles primaires de filles*). — Dans les programmes des écoles primaires supérieures de filles, on a laissé de côté l'enseignement de l'agriculture, de l'horticulture, l'enseignement de la laiterie et l'enseignement ménager, ce qui concerne, en un mot, la tâche d'une femme dans une exploitation rurale. L'enseignement ménager n'est représenté au programme que par un cours théorique d'économie domestique de une heure par semaine en troisième année. On a eu le grand tort de laisser systématiquement de côté les occupations ménagères. « Tout reste à faire pour l'enseignement agricole féminin », dit M. Leblanc, qui insiste avec raison sur l'importance du rôle de la ménagère. En Belgique, l'enseignement donné aux jeunes filles comprend des notions théoriques et pratiques d'hygiène, d'économie domestique et de cuisine.

L'école peut suppléer, seule, à l'absence ou à l'insuffisance de cette véritable science du ménage, si nécessaire dans la vie. C'est ce que le congrès international de l'enseignement agricole en 1900 exprimait dans le vœu suivant : « Il serait urgent de créer dans les écoles normales et primaires supérieures de filles, des cours théoriques et des travaux pratiques mettant la jeune fille à même de comprendre et d'exécuter d'une main intelligente les opérations journalières du ménage, de la ferme et du jardin. »

Depuis quelques années, nous devons cependant à l'initiative de plusieurs professeurs d'agriculture, l'organisation de quelques cours dans les écoles normales de jeunes filles. C'est un exemple à suivre.

L'ENSEIGNEMENT AGRICOLE LIBRE

L'enseignement agricole libre doit son origine et son organisation aux sociétés d'agriculture et à divers ordres enseignants. Si l'initiative de quelques hommes de valeur, comme Mathieu de Dombasle, a puissamment contribué à l'institution de l'enseignement agricole en France, les écoles libres d'agriculture, non congréganistes, n'ont pu subsister, à défaut de l'appui de l'État, que grâce au concours et aux subventions des grandes sociétés d'agriculture.

L'effort des sociétés d'agriculture et des comices agricoles s'est manifesté, sous l'Empire, dans les départements de l'Oise, de l'Ille-et-Vilaine, de la Meurthe, de l'Isère, de l'Aisne... L'administration, les conseils généraux et des grands propriétaires fonciers secondèrent le mouvement. Ce que les sociétés d'agriculture réalisèrent pour la culture, les sociétés d'horticulture le firent en faveur de l'enseignement des cultures maraîchère et potagère, de l'arboriculture et de la floriculture.

La fondation de l'institut normal agricole de Beauvais, en 1854, fut l'œuvre de la Société d'agriculture de Compiègne, alors présidée par le vicomte de Tocqueville, de Randouin, préfet de l'Oise, et de Gossin, professeur d'agriculture à Compiègne. Les frères des écoles chrétiennes furent chargés de l'organisation du nouvel établissement et de l'enseignement. Lorsque le Parlement supprima la subvention annuelle de 4 000 francs accordée par l'État à l'institut agricole de Beauvais, la Société des agriculteurs de France prit l'établissement sous son patronage, et elle désigne, chaque année, dans son conseil, un certain nombre de membres pour faire passer les examens à Beauvais et délivrer les diplômes de fin d'études.

La Société des agriculteurs de France a exercé une grande influence sur le développement de l'enseignement agricole libre, ainsi que le constataient ses rapporteurs à l'Exposition de 1900 : M. de la Bouillerie, président de la section de l'enseignement, et M. Blanchemain, vice-président de la Société des agriculteurs de France. Parmi les douze sections permanentes d'études spéciales créées par la Société, quelques mois après son organisation, en 1867, la dixième fut chargée de suivre tout ce qui avait trait à l'enseignement. Elle eut pour président le vicomte de Tocqueville, le promoteur de l'enseignement agricole à Beauvais.

Le marquis de Dampierre, président de la Société, fit accorder, en 1887, des encouragements à l'école des hautes études agronomiques de la Faculté de Douai, qui a suspendu ses cours en 1896. L'Union des syndicats agricoles du sud-est a organisé à Lyon, un enseignement supérieur agricole annexé à l'université catholique. Les fondateurs de l'école supérieure d'agriculture d'Angers (1899) ont voulu donner à son enseignement le même niveau et la même extension qu'à celui de l'institut national agronomique, mais développer ses cours dans un autre ordre et suivant une autre méthode, en excluant de l'enseignement les matières étrangères à l'instruction professionnelle. Aux deux premières années d'études consacrées aux sciences fondamentales s'ajoutent deux années d'études agronomiques, techniques, et d'exercices pratiques.

Institut agricole de Beauvais.

Le but de l'*Institut agricole de Beauvais* est de former des agriculteurs qui joignent aux connaissances théoriques de l'agriculture moderne les notions pratiques qui en règlent la sage utilisation. D'après le niveau de son enseignement et le programme des cours, cet établissement d'enseignement professionnel se place au rang de nos écoles nationales d'agriculture, bien que le programme d'admission pour les candidats non bacheliers ne présente pas de difficultés bien sérieuses. Les élèves dont l'examen a justifié d'un acquis scientifique suffisant peuvent entrer directement, au concours, en deuxième année. Presque tous les anciens élèves de Beauvais font valoir des domaines, des industries agricoles, la plupart comme propriétaires ou directeurs.

Le prix de la pension, 1 800 francs, est plus élevé à Beauvais que dans les écoles nationales d'agriculture; mais, si les études se font dans des salles communes, chaque élève de Beauvais a une chambre meublée. L'établissement n'accepte pas de boursiers.

L'enseignement théorique se donne dans les cours professés à l'institut par des professeurs religieux et séculiers. L'ensei-

Institut agricole de Beauvais: — Ferme annexe de La Mie-au-Roi.

gnement pratique a lieu dans les fermes annexes qui ont une étendue de 200 hectares : Ferme-du-Bois, Beauséjour, Le Marais, La Mie-au-Roi. Une installation électrique permet d'éclairer l'exploitation principale et d'exécuter les travaux intérieurs. L'application de l'électricité est faite à tous les usages de la ferme. La durée des études complètes est de trois années, dans lesquelles sont répartis les cent élèves de l'institut de Beauvais.

L'enseignement théorique comprend les cours suivants :

Agriculture générale. Agriculture comparée et Histoire de l'agriculture. Économie rurale. Statistique agricole et Comptabilité. Zootechnie. Physiologie animale et Hygiène vétérinaire. Économie du bétail. Botanique et Physiologie végétale. Zoologie et Entomologie. Minéralogie. Géologie. Mécanique et Machines. Physique et Météorologie.

Chimie générale. Chimie agricole et Chimie analytique. Technologie. Génie rural et constructions agricoles. Législation générale et notions de Droit administratif. Législation rurale. Sylviculture. Viticulture. Arboriculture. Horticulture et Culture maraîchère. Apiculture. Dessin industriel. Architecture. Mathématiques. Arpentage. Nivellement. Levé des plans.

L'enseignement pratique comprend tous les travaux de l'agriculture et de l'horticulture, les soins et la conduite des animaux domestiques. Ces travaux sont exécutés à tour de rôle par tous les élèves sous la direction du chef de pratique. Les élèves vont une après-midi sur deux, dans l'une des exploitations rurales de l'institut, fermes annexes, où ils reçoivent une leçon pratique. Les manipulations dans les laboratoires, le levé des plans, les opérations de nivellement sont rendus familiers aux élèves. La partie technique de l'enseignement est très développée et bien comprise à Beauvais.

De fréquentes excursions agricoles, géologiques et botaniques, la visite des meilleures exploitations, des usines agricoles, des marchés de bestiaux, des concours agricoles, complètent l'ensemble des études pratiques.

Après avoir obtenu le brevet de capacité agricole, les élèves de troisième année qui veulent obtenir le diplôme supérieur agronomique sont appelés à donner une leçon orale et à soutenir une thèse agricole. C'est le couronnement de leurs études. Ces thèses permettent aux élèves de faire, dans leur esprit, l'application immédiate des leçons de leurs maîtres et développent ainsi, chez eux, l'esprit d'initiative. L'élève de Beauvais choisit en général, pour son étude, une propriété de famille, et il dédie sa thèse à des parents, propriétaires du domaine. Cette tradition, excellente en elle-même et par ses résultats, a dû contribuer au succès de l'institut de Beauvais.

Établissements divers.

L'Institut des frères des écoles chrétiennes, s'inspirant des mêmes considérations qui avaient présidé à la fondation de l'institut agricole de Beauvais, mais visant une catégorie différente de jeunes gens, ceux que l'on pourrait appeler les sous-officiers de l'agriculture, a ouvert sur les divers points de la France et même à l'étranger un certain nombre d'établissements destinés à recevoir les élèves sortis des classes primaires susceptibles de recevoir un enseignement agricole ou horticole.

École d'horticulture d'Igny (Seine-et-Oise). — Le potager.

École d'horticulture d'Igny. — La serre aux chrysanthèmes.

Les écoles primaires dirigées par les congrégations étaient d'abord restées, sauf quelques exceptions, indifférentes à l'introduction de l'enseignement agricole. Ce fut sur l'appel de la Société des agriculteurs de France que les procureurs généraux des congrégations de frères se décidèrent à combler cette lacune.

Les frères des écoles chrétiennes ont établi des chaires d'agriculture dans leurs pensionnats de Béziers, Bordeaux, La Roche-sur-Yon, le Puy, Dijon, Saint-Omer, Reims, Longuyon... Ils avaient créé antérieurement des écoles d'horticulture à Vaujours en 1849, à Clermont en 1851 et à Igny en 1860 ainsi que des sections spéciales d'agriculture à Laurac, aux Choisinets dans la Lozère, à Limoux, Cahors. A Quimper, une chaire d'agriculture fut fondée en 1843 dans le pensionnat des frères. Dans ces divers établissements d'enseignement, des membres de la Société des agriculteurs de France font passer les examens, décernent des médailles et signent des diplômes.

Les frères maristes, les frères de l'instruction chrétienne de Ploërmel, les frères de la doctrine chrétienne avaient également créé des écoles spéciales ou des sections d'enseignement agricole et horticole dans plusieurs de leurs établissements d'enseignement moderne.

Parmi les établissements fondés par les frères, on peut citer l'**École d'horticulture d'Igny** (Seine-et-Oise), 1860, qui dépend de l'œuvre de Saint-Nicolas. L'enseignement donné à Igny par les frères des écoles chrétiennes est théorique et pratique. Ce dernier enseignement, manuel et raisonné, s'applique à tous les travaux du jardinage. Les élèves passent successivement et par roulement, suivant leurs aptitudes, les époques et les besoins de la culture, aux différents travaux de jardinage, d'arboriculture et de floriculture.

L'enseignement théorique embrasse : 1° les notions générales de zoologie, de botanique, de géologie et de minéralogie, appliquées à l'horticulture, 2° l'arboriculture fruitière et d'ornement; 3° la culture potagère des primeurs de pleine terre ; 4° le dessin de plantes, d'instruments, le tracé des jardins. Un diplôme de fin d'études est délivré aux élèves qui satisfont aux examens de sortie après les trois années d'apprentissage.

L'école d'horticulture d'Igny, qui a obtenu des encouragements de la Société nationale d'horticulture, est affiliée au syndicat de Saint-Fiacre de Paris.

L'**École d'agriculture de Ducey**, dans l'Avranchin, fondée par Garnot, ancien président du syndicat des agriculteurs de la Manche, créé en 1886, mérite une mention particulière par le caractère mixte de son enseignement. Des propriétaires voisins de l'école de

Ducey (agronomes, ingénieurs, docteurs en droit et en médecine) y font des conférences sur l'économie rurale, la culture proprement dite, les industries agricoles, la zootechnie, la chimie agricole, l'hygiène. La réputation de conférenciers comme M. de Gibon, vice-président du syndicat des agriculteurs de la Manche, a attiré de nombreux élèves à Ducey, pour y suivre les leçons d'hommes supérieurs aux professeurs habituels des écoles pratiques d'agriculture : munis des mêmes connaissances scientifiques, ils ont sur eux la supériorité de n'apprécier ces notions théoriques qu'au point de vue de leur application pratique et de leur rendement utile.

COURS D'AGRICULTURE ET D'HORTICULTURE PROFESSÉS A PARIS

Muséum d'histoire naturelle et Conservatoire des arts et métiers. — L'enseignement du Muséum s'adresse aux étudiants qui ont déjà fait de fortes études et aux spécialistes. Les cours sont publics, mais il faut se faire inscrire pour les conférences et les travaux pratiques. Les questions agricoles sont étudiées dans les trois chaires suivantes.

Chaire de culture. — La création de cette chaire remonte à l'époque où le Muséum d'histoire naturelle portait encore le nom de Jardin royal des plantes. Elle a été occupée par plusieurs professeurs remarquables : Thouin, Bosc, de Mirbel, Decaisne, Maxime Cornu.

La **Chaire de physique végétale**, longtemps dirigée par George Ville, remonte à 1857. Ville y étudiait les conditions qui déterminent, favorisent et règlent la production des végétaux, l'emploi des engrais chimiques, des engrais verts, etc. Le titulaire actuel étudie les fonctions physiologiques des plantes.

La **Chaire de physique végétale appliquée à l'agriculture**, créée en 1880, n'avait eu jusqu'à l'année actuelle qu'un seul titulaire, P. Dehérain, dont les agronomes et les savants connaissent les travaux de physiologie végétale et de chimie agricole.

Le jardin botanique du Muséum, jardin exclusivement réservé à l'étude, échange des graines avec les jardins botaniques de l'étranger, donne des plantes et des arbustes aux établissements d'enseignement horticole et agricole pourvus de jardins botaniques.

Au Conservatoire des arts et métiers, deux chaires traitent de questions agricoles. La **Chaire de chimie agricole et analyse** chimique a été occupée par Boussingault. M. Schlœsing en est devenu titulaire en 1887. Le premier titulaire de la **Chaire d'agriculture** a été Moll, auquel a succédé Lecouteux, puis M. Grandeau.

Au Jardin du Luxembourg, un **Cours d'arboriculture fruitière et de floriculture** est professé à la pépinière du Luxembourg. Dans l'enclos qui se trouve près de la grille d'Assas, un millier d'arbres fruitiers forment une magnifique collection d'arboriculture.

La création au Luxembourg d'un cours public pour la taille des arbres fruitiers et de la vigne, ainsi que pour le choix des rosiers, fut l'œuvre du duc Decazes, en 1837. Le cours d'horticulture de la pépinière du Luxembourg, destiné aux horticulteurs amateurs aussi bien qu'aux professionnels, fut longtemps professé par Hardy, puis par Rivière.

Un cours public et gratuit d'arboriculture fruitière est actuellement professé à la mairie du IV° arrondissement et à celle du VI° arrondissement.

Plusieurs *associations* fondées pour donner l'instruction professionnelle gratuitement aux adultes, l'*Association philotechnique* (1848), l'*Union française de la jeunesse* (1875), l'*Association philomathique* (1895), ont organisé des **Conférences agricoles et horticoles** dans diverses sections et dans plusieurs régiments du gouvernement militaire de Paris.

Le rapporteur du Jury international de l'Enseignement agricole à l'Exposition de 1900, M. Dabat, sous-directeur au ministère de l'Agriculture, a étudié l'organisation de l'enseignement agricole chez les nations étrangères. A l'étude raisonnée des méthodes d'enseignement, il a joint l'examen critique des procédés pédagogiques, dressé le bilan des résultats. Ce groupement systématique lui a permis d'établir des comparaisons instructives entre la situation de l'enseignement agricole français et de l'enseignement agricole étranger. En présence des progrès réalisés par les nations étrangères, le cultivateur français doit renoncer à la vie paisible d'autrefois, à la routine, à l'incuriosité, et se rendre compte que les temps sont changés. Pour cultiver la terre, il ne suffit plus de savoir exécuter tous les travaux manuels d'une exploitation rurale et d'attendre le reste de la nature, il faut être initié aux choses nouvelles, posséder une instruction spéciale, être apte à utiliser les méthodes et les procédés scientifiques, il faut enfin joindre à la patience du laboureur l'esprit d'initiative et l'entregent du commerçant.

TABLE DES MATIÈRES

	Pages.
Historique de l'enseignement agricole.	5
ÉTABLISSEMENTS ET INSTITUTIONS D'ENSEIGNEMENT AGRICOLE DÉPENDANT DU MINISTÈRE DE L'AGRICULTURE.	13
Cadres de l'enseignement agricole.	15
Budget de l'enseignement agricole.	16
I. — ENSEIGNEMENT SUPÉRIEUR SCIENTIFIQUE.	16
Institut national agronomique.	16
Écoles d'application de l'Institut agronomique.	22
École nationale des eaux et forêts de Nancy.	22
École nationale des haras.	27
II. — ÉCOLES NATIONALES D'AGRICULTURE.	29
École nationale d'agriculture de Grignon.	32
École nationale d'agriculture de Montpellier.	35
École nationale d'agriculture de Rennes.	38
École nationale d'horticulture de Versailles.	41
École nationale des industries agricoles de Douai.	45
École nationale d'industrie laitière de Mamirolle.	47
III. — ÉCOLES PRATIQUES D'AGRICULTURE.	49
Liste des écoles pratiques d'agriculture.	52
Écoles agricoles ménagères et de laiterie.	55
IV. — ÉTABLISSEMENTS DE PRATIQUE PURE ET D'APPLICATION	65
Fermes-écoles.	65
Fruitières-écoles.	67
Magnanerie-école d'Aubenas.	69
V. — PROFESSEURS D'AGRICULTURE.	69
Professeurs départementaux.	69
Professeurs spéciaux.	71
Cours d'adultes. Conférences aux soldats.	72
VI. — STATIONS AGRONOMIQUES ET LABORATOIRES AGRICOLES.	73

88   ÉCOLES ET COURS D'AGRICULTURE.

                                                        Pages.
L'ENSEIGNEMENT AGRICOLE DANS LES ÉTABLISSEMENTS UNIVERSITAIRES.................................. 73

    Enseignement supérieur : Facultés.................. 73
    Enseignement secondaire : Lycées et collèges.......... 75
    Enseignement primaire : Écoles primaires rurales....... 75
    Écoles primaires supérieures...................... 77
    Écoles normales................................ 77
    Écoles primaires de filles......................... 77

L'ENSEIGNEMENT AGRICOLE LIBRE................ 78

    Institut agricole de Beauvais...................... 79
    Établissements divers........................... 81

COURS D'AGRICULTURE ET D'HORTICULTURE PROFESSÉS A PARIS.. 85

Paris. — Imprimerie LAROUSSE, 17, rue Montparnasse.

www.ingramcontent.com/pod-product-compliance
Lightning Source LLC
LaVergne TN
LVHW052106090426
835512LV00035B/1257